U0846542

20几岁的女孩这样做最聪明

ERSHI JISUI NUHAI
ZHEYANGZUO ZUICONGMING

■ 符文军　白　山／编著

时事出版社

图书在版编目（CIP）数据

20 几岁的女孩这样做最聪明/符文军，白山编著．—北京：时事出版社，2010.1

ISBN 978—7—80232—323—0

Ⅰ．2…　Ⅱ．①符…　②白…　Ⅲ．姑娘—修养—通俗读物　Ⅳ．B825—49

中国版本图书馆 CIP 数据核字（2009）第 236790 号

出版发行：时事出版社
地　　址：北京市海淀区万寿寺甲 2 号
邮　　编：100081
发行热线：(010) 88547590　　88547591
读者服务部：(010) 88547595
传　　真：(010) 68418647
电子邮箱：shishichubanshe@sina.com
网　　址：www.shishishe.com
印　　刷：北京市兴城福利印刷厂

开本：787×1092　1/16　　印张：16　　字数：253 千字
2010 年 1 月第 1 版　　2010 年 1 月第 1 次印刷
定价：28.00 元

序　言

时间如白驹过隙，转眼你已经长大了，20 几岁了，这时的你是不是还贪恋在童时的温柔乡、梦织的象牙塔里乖乖地看漫画、读情诗，像林妹妹一样善感多愁呢？要知道：

20 几岁是女人最美丽的年龄，不要让美丽在无意中流失。

20 几岁是人生最宝贵的财富，不要让财富在无谓中消散。

20 几岁正好是最适合塑造人生架构的时期，不仅有很多的选择，还不必为家庭琐事烦恼。

20 几岁是女孩人生的起点，应该起程了——去追求快乐和幸福。

那究竟什么是幸福呢？这个问题看起来简单，却难以回答。有人说，幸福的女人应该像四条腿的桌子，有一定的经济收入和工作能力，有品位不俗的朋友圈子，有美满幸福的婚姻和爱情，有健康的身体。可是月有阴晴圆缺，人有悲欢离合，完美总是相对的。

女人为了追求幸福，付出了不少努力。在学校里，她们用功读书；在社会上，她们努力赚钱；在婚姻中，她们任劳任怨。

万事万物的存在皆有它的道理，幸福也是如此。女孩在社会上生存，追求的不外乎美丽、男人、爱情、友谊、婚姻等，要获得这些，没有智谋是不行的。俗话说“谋事在人，成事在天”，20 几岁女孩要想在而立之年以后生活得更幸福，仅有漂亮的外表是不够的，还需要有聪明的头脑。

20 几岁的女孩一定要多些聪明、多些智慧，要让自己比以前懂得更多的东西，这样才能应付以后的一些难题，比如婚姻，比如事业，比如家庭，这些都是需要用智慧来应对的。说白了，年轻是女孩最好的资本，也是最易被浪费的资本。年轻时一个看似无所谓的决定，会如蝴蝶效应般影响你的一生。所以，现实生活中的20几岁女孩应该像一个精明的商人一样，要与现实讨价还价，用最小的人生资本换取最大限度的幸福生活。

那么，女孩要怎样才能聪明起来呢？

这正是《20几岁的女孩这样做最聪明》这本书的目的所在。它教20几岁女孩认清现实，调整心态；它教20几岁女孩搭建人脉，积累财富；它教20几岁女孩明白容貌终究会老去，保持永久魅力有良方；它让20几岁女孩知道真正的爱情是什么，如何抓住好男人……

如果你现在有太多的不解、太多的困惑、太多的难题，那么就请翻开这本书吧。它将带你步入一个崭新的潮流时代，使你不被时代所抛弃，展示自己独一无二的魅力，与幸福快乐的生活翩翩起舞。

目　录

第一章　20几岁女孩要走出梦境，做一个现实聪明的女孩

第二章　聪明女孩20几岁开始交朋结友，搭建人脉

第三章　聪明的女孩，从20几岁开始投资幸福

第五章　20 几岁学会理财，胜过嫁给一个亿万富翁

第六章　20 几岁抓住好男人，就抓住了一生的幸福

第七章 20几岁投资健康，为幸福买“保险”

第一章

20几岁女孩要走出梦境，做一个现实聪明的女孩

女人天生就爱做梦，特别是20几岁的女孩更是如此。至今仍然有很多20几岁的女孩相信：只要有爱情，就可以克服一切困难。还有些女孩准备好为自己不着边际的梦想而牺牲一切。要知道，20几岁正是事业、婚姻、价值观逐步确立的重要时期，若能早些看到现实的价值，就不会在30岁之后成为生活的奴隶。

所以，我在这里要提醒女孩们，不要再沉溺于不切实际的梦境。就从20几岁开始改变，从梦境中走出来，准备做一个懂得现实快乐的幸福女孩吧！

第一节　20几岁不是做梦的年龄，而是创造幸福的年龄

20几岁的女孩爱做梦。灰姑娘的故事固然美丽，但是经不起现实的撞击。现实中没有华丽的舞池，没有玻璃舞鞋，更没有白马王子与美丽公主的完美爱情。现实生活是残酷的，20几岁的女孩面临着工作、人际、爱情

等一系列难处理问题，只做梦是解决不了难题的。聪明的女孩不做白日梦，而是趁着年轻创造幸福。

20几岁女孩，聪明比漂亮更重要

我们不否认，漂亮的确是女孩无可匹敌的资本，而且是一项很独特的资本。尤其是20几岁，这时候可谓是女孩“绽放”的最佳时刻，也是她最引人瞩目的时候，所有人都为她的美和独特的魅力所倾倒。历史上，为博得褒姒一笑，周幽王心思倾尽，于是有了烽火八百里戏诸侯，这是漂亮的魅力；貂蝉，本是无名小女，只因羞花之容，致使吕布与董卓相残，这也是漂亮的魅力；陈圆圆美貌倾城，因此李闯王和吴三桂为之拼命，数万将士因此埋骨，这更是年轻漂亮的魅力。

但是在现代社会中，20几岁的女孩千万不要以为自己年轻漂亮，就可以天下无敌，要知道美貌只是暂时的，即使保养得再好，也总有老去的一天，那么靠美貌赢得的东西也会随之失去。

再者，当今社会如此发达，想成为美女并不是件难事，那么，一个女孩的漂亮就没什么价值了，只有有头脑，才有真本事。

然而，许多女孩认为，有了漂亮的外表便有了一切，于是为了美貌不惜一切代价，甚至想以此来赌明天，然而青春的折旧率那么高，她们往往也是得不偿失的。

小霖是个漂亮的女孩，追求她的男孩足够组建两支球队，这大大满足了她的虚荣心。她知道是因为自己的美貌吸引了这么多男孩，于是更加看重自己的外表，不打扮得漂漂亮亮的绝不会出门。但是她看不上这些男孩，因为他们没有足够的财力或能力匹配她的美貌。小霖在工作中结识的都是一些大客户，其中也有几个是她看着不错的，挑来挑去，她终于选了一个很有钱的老板做男友。

自从成为老板女友后，小霖辞去了工作，偶尔找朋友出来，也是聊聊自己怎么“败家”。整天不是去商场，就是去美容院，一卡在手，想刷多少就刷多少，她自己也调侃地说：“只买贵的，不买对的。”对她来说，天天开着车到处兜风就是工作，日常起居都有保姆照顾。朋友觉得站在她面前，自己简直就像刚从贫民区走出来的人。这种奢华的生活让朋友很羡慕。

可是她刚和男友交往一年，男友就另结新欢了。她对此不解，开始质问男友为何变心时，男友回答得很直接："我找的是女友，不是花瓶。""但是你当初喜欢我不就是因为我漂亮吗？如果我不漂亮，你不可能喜欢我，而且你的新欢同样是花瓶！"男友听后回答说："的确，我当初是因为你的漂亮选择了你，可是你只是个普通的花瓶。如果你坚持说她也是'花瓶'的话，那么她就是一个有内涵、有文化底蕴的景德镇花瓶！"

一个只有漂亮外表的女孩犹如一只艳丽的花瓶，很容易失去原本的保护色的，到那时花瓶的利用价值便不存在了。而有内涵的聪明女孩，仿佛美酒，时间越久越迷人。

请记住，20几岁女孩聪明比漂亮更重要。

赶快从偶像剧的梦中醒过来吧

20几岁女孩要远离那些虚假的偶像剧了，电视里的白马王子与灰姑娘都是生活里的男孩或女孩向往的，它并不是真的存在的。要知道，无论谁都不能脱离现实而生活，所谓的幸福与快乐都是建立在现实的基础上的，并非臆想。因此，20几岁的女孩，赶快从偶像剧的梦中醒来吧，做一个现实、"世俗"一些的女孩。

如果将"世俗"一词跟某个女孩联系在一起，我们就宛如自然条件反射般地认为，那是一个"坏"女孩。其实，女孩让自己变得"世俗"一点没什么错！试想一下，现实中，谁能一辈子都做天真少女，不会随着年华的老去成为凡夫俗子，在世俗里终老？试想，如果她们能早点学会世俗，与金钱交好，也许可以在年华逝去的时候优雅地生活。当然这并不是说，只有变得世俗才能拥有好的生活，而是说，如果能抛弃对金钱和现实的洁癖，就不至于在年华老去后，还要为金钱而过疲于奔命的生活。

现实生活中，不少女孩还执迷于只要有爱，有没有钱都不重要。聪明女孩则认为，追求时尚，找一个有钱的老公，谋一份能赚钱的工作，这些想法并不过分，都是理所当然并且合情合理。因为她们知道人早晚都会学会世俗，事实证明好命的女孩是尽早走出梦境，而优先选择了“世俗”的女孩。

大学时期，雨琪和琳琳是同班同学。在雨琪眼里，琳琳简直是一个无可救药的人。当时的大学生都会读很多书籍，而琳琳居然连尼采是谁都不知道，每天只知道读经济新闻和时尚杂志，也从来不参加多数大学生都热衷的社团活动。对于努力学习、积极参加社团活动的雨琪来说，琳琳是个再市侩不过的女人。

有一天，雨琪终于忍不住当面数落琳琳，说道：“你每天到底在想什么？只关注经济、时尚的，不做点有用的事，你的脑袋就像个空壳。”

面对雨琪刻薄的审问，琳琳一脸不解地反问道：“我怎么了？那你又在想什么呢？你想的那些很有用吗？”

“我虽然没有特别伟大的目标，但至少不像你那样没有想法，身为一个大学生，不是要怀有对社会的责任感吗？”

琳琳对慷慨激昂的雨琪只留下一句话便转身走了，她说：“真不知道你现在能为社会作什么贡献？一个连自己都无法养活的人，到底能为社会负什么责任呢？真是的！”

雨琪心里纵然有千百句话足以反驳琳琳的观点，但是面对逃避争论的琳琳的背影，她只说了一句：“俗人！”

十年后，一个偶然的机会，雨琪遇到了琳琳。

毕业后，雨琪一直找不到合适的工作，暂寄宿在姐姐家。由于生活压力太大，不仅皮肤变得粗糙，身材也开始发福，显得十分落魄。而一直注重自身管理的琳琳，积累了丰富的工作经验，赢得了一家外企的青睐，刚刚换了工作，还嫁给了一个富有的工程师，日子过得很安逸。

这天，雨琪出门去面包店买面包，正好遇到琳琳。“哦，真巧！毕业后过得怎么样？”

雨琪发现，琳琳看起来和以前没有什么两样，更确切地说，容光焕发、幸福的表情使她看起来更漂亮了。

“怎么买那么多面包？”雨琪问。

“附近有一个孤儿院，这是买给那些孩子吃的，我也没什么可以帮忙的，只是偶尔会买点吃的去看看他们。”

如今为生活所累的雨琪，在琳琳身上看到了大学时自己的影子。可毕业后自己的温饱问题都还未解决，哪有能力去为社会尽责任，理想与现实越来越远了。而如今的琳琳，仅靠老公赚的钱就可以尽情吃喝，如此大的差距，让雨琪受到了不小的打击。

比较富足的人不仅不用为温饱问题而伤脑筋，还可以拿出余钱来帮助别人。成为现实而世俗的人，并不是意味着放弃自己的梦想，等着天上掉馅饼。如果有了世俗的基础，那么追求梦想就不再遥不可及。

这就是聪明女孩告诉我们的：赶快走出梦境，现实一点没错！

不要梦想做一个“奉献女神”

这个世界上，只要多一点爱，就会多一点美丽。因而，无私奉献的女人是美丽的，即使她没有天使般的脸蛋、魔鬼般的身材、时髦的服饰。

被誉为贫民窟的“活圣人”特蕾莎修女就是这样一个女人。她救助了一辈子的穷人，其实自己也是一位穷人，她的生活朴实无华，她住的地方，唯一的电器是一部电话；她穿的衣服，一共只有三套，而且自己换洗；她只穿凉鞋，没有袜子……但在人们的心中，她就是最美丽、最圣洁的女神。

可是，现代生活中，大部分女孩都是平凡而普通的，不会成为第二个特蕾莎修女，但是她们却有“特蕾莎修女”无私奉献的精神。在生活中，她们把爱全部“奉献”给了男友或老公，以牺牲自己为代价换来家人的幸福。她们任劳任怨，认为爱就是“无私奉献”，就需要“牺牲”。她们认为这样才是一个贤惠的淑女，才会赢得他人的爱。

但是，生活中因“无私奉献”而成了被遗弃的可怜“怨妇”的不在少数。这样的女孩多把责任都归结为男人没有良心、忘恩负义，其实更多的因素在她们自己身上。她们只知道要做个好女人，只追求奉献、不求回报，结果失去了自己，迷失了自我。这样的女孩不能不说是可悲的。

玲梅在上大学时，认识了比她高一届的同系的男生凌风，两个人郎才女貌，情投意合，很快就进入了热恋。大学毕业时，玲梅按计划准备考研究生，凌风却说："别考了，咱们结婚吧，我非常需要你。"是结婚，还是考研？玲梅一时也拿不定主意。

最后，玲梅决定放弃考研，和凌风结婚。因为玲梅认为，既然结婚就要做个好妻子，如果读研究生，一定没有时间照顾丈夫，如果做妻子的因读书而冷落了丈夫，就不是一个好妻子了。人们常说，爱就是奉献，玲梅对此深信不疑。于是，她决定放弃自己的理想，和丈夫一起建筑起他们爱情的港湾。

毕业后，玲梅当了一名教师，丈夫在工作了一段时间后准备考研。在丈夫准备考试的时候，玲梅发现自己怀孕了，妊娠反应挺厉害，经常是东西吃进去不久就又都吐出来。可是丈夫正在忙着考试，不仅无暇照顾她，还需要她来照顾他。玲梅经常是一边吐，一边做饭。但是想想丈夫将要实现自己的梦想，她暗暗咽下了所有的痛苦，她想等他考上研究生就好了。后来丈夫如愿以偿，孩子也生了下来。

这时的玲梅就更忙了，既要工作，又要照顾孩子，还要照顾他丈夫上学，非常紧张。接送孩子、买菜、做饭、洗衣、收拾房间，玲梅几乎承包了所有的家务，但当她看到漂亮的孩子，看到刻苦读研究生的丈夫，她是欣慰的，她感到幸福无比。

为了照顾好家，玲梅几乎放弃了自己的一切爱好。她已经没有时间去商场为自己选购一件称心的服装，没有了和朋友们高歌一曲的兴致；甚至连自己爱看的电视连续剧也不能从头看到尾。但是她从不抱怨，她觉得自己的付出是值得的，她的家庭因为有了她的付出而更加和谐幸福。

玲梅原本以为丈夫毕业后，就能迎来他们的第二个蜜月，他会对自己的奉献给予回报。可事实是，他们的关系却大不如从前了。丈夫毕业后，去了一家合资企业。他的工作很忙，经常是深夜才回到家，一脸的疲惫。让玲梅更加生气的是，丈夫竟然懒得与她说话了。有时，玲梅忍无可忍地对他说，咱们也该聊聊了。可他说，这么长时间的夫妻了，有什么好说的。有时，他还会说，说点儿别的行不行，整天不是东家长就是西家短的，真没意思。

终于有一天，丈夫向玲梅摊牌说："我们离婚吧，我爱上了别人。"玲梅怎么也没有想到，自己所做的一切却换来这样的结果，于是不解地质问丈夫："我做错了什么，难道我做得还不够好吗?"

"你没有做错什么，你是一个好妻子，是我对不起你。现在和你在一起，没有了以前的感觉，你也一点儿也不像过去那样有理想、有激情。"丈夫回答说。

"我为你牺牲了那么多，难道不值吗？你有没有良心?!"玲梅简直崩溃了。

"但牺牲和爱情是两码事。"丈夫冷静地说。

这就是事实，残酷，但也让人警醒。一个女孩，当因"奉献"而是失去了原来的魅力时，也就有了失去他的危险。

聪明女孩提醒女性朋友，不要只知"奉献"，让自己没了底气。你爱他，更要爱自己，这样别人就容易看到你的魅力，会称赞你，你会从这些赞扬中得到更多的自信，你也就会活得越发光彩，永远保持对生活的热情，这是个良性循环。不要再说"我爱你胜过爱自己"之类的傻话，更不要认为爱就是全力"奉献"。

聪明女孩从不做"无私奉献"的女神，她知道，"奉献"不会让自己成为特蕾莎修女一样的女神，却很可能成为一个被抛弃的女神。

所以，20几岁的女孩，不管任何时候，都不要"奉献"到底，而忘记修炼和提升自己。要知道，多爱自己一些，做自己想做的事，不管他人怎么说，才会得到快乐。在别人看来，这也许是"自私"，但更是一种智慧。

杨澜告诉20几岁女孩

20几岁女孩都要记住杨澜的忠告，做个新时代的聪明女孩。

1. 拥有品位

女孩到了20几岁后，就要开始学着用心地经营自己了，它体现在女孩的外表以及涵养上。每一个女孩都是特别的，都应该有自己独特的品位。可能很多女孩会觉得品位是与时尚或奢侈品挂钩的，其实不是，品味是一个人观察事物时的态度，同样的东西，在不同的人眼里会出现不同的版本。物品本身的价值与品位的高低是没有关系的，女孩要用自己的目光去欣赏一件东西，用高级的品位去挑选东西。

在某些程度上，一个人的品位与她的气质是相辅相成，品位的高低取决于一个女孩在日常生活里对新事物的发现。品位是自己独特的味道，每个女孩都要有自己的品味，一个廉价的饰品只要戴出了属于它的另类，它也能够表现出自己的品味。平常的时候可以多看看时尚杂志，提升一下自己对服饰等的欣赏水平。

2. 养成看书的习惯

女孩到了20几岁后，就已经开始慢慢地接触社会了，在与别人交往的过程中，谈吐与修养是最能征服别人的。我不相信一个不喜欢看书的女孩，她会是充满智慧的。没事的时候，去到书店逛逛，认真地挑几本可以提升自己的书籍买回家阅读，不管是名著还是理财方面的，或是激励方面的，都有值得我们学习的地方。书可以让人们的生活丰富，也可以让人们的思想改变，选择阅读一本好书，胜过一个优秀的辅导师。

喜欢看书的女孩，她一定是沉静且有着很好的心态。因为在书籍的海洋里，女孩可以大口地吸收营养。喜欢看书的女孩，她一定是出口成章且优雅知性的女人。认真地阅读，可以让心情平静。书籍里暗藏着很大的乐趣，当遇到一本自己感兴趣的书时，你会发现心情是愉悦的。而且，每一本书里都有着很大的智慧，阅读过的书籍都会是女孩社交中的资本，相信没有人会喜欢与一个肤浅的女孩交往。

选择了合适的书本，它能够教会人很多哲理，会让你学会以一种平和的心态去迎接生活里的痛苦或快乐。

3. 要试着发现生活里的美

女孩到了20几岁后，就要逃离那些灰暗的小说，它只会让大家与悲伤越贴越近，生活并不是小说中情节的翻版。不要总提醒着自己遇到的不幸，要知道在这个世界上有很多人比你还不幸，只要能够抬头看到阳光就是幸运的，那些生活里的挫折只不过是人生中一个再小不过的插曲。

有些人因为情感或工作上的挫折而让自己陷入一种不幸的思想中，而导致着她们成为悲观的人，不管做什么事情都有着恐惧，怕输，或是觉得自己不会成功。一个人把自己标榜成什么样，她就只能生活在自己给自己设下的心牢里。谁有资格说自己不会成功？谁敢说自己不会成功？想成功的人都是乐观的人，悲观永远都是成功的阻碍。只有积极向上的情操才会让生活变得美好，相信明天一定比今天会好，只要你努力了，社会一定是公平的，不要抱怨生活，否则只能证明你自己没有真正去努力。

4. 跟有思想的优秀人交朋友

女孩到了20几岁后，就要开始有目的性地去选择朋友。社会中的人脉非常重要，而你选择加入的朋友圈也会对你的人生产生很大的影响。如果你的朋友都是一些积极向上的乐观的人，你也会被他们感染的。如果你的朋友是一个悲观主义者，整天只知道抱怨生活，却不脚踏实地工作，时间长了，你同样会被感染。人在选择朋友的时候很重要，有时候如果想了解一个人，也可以从他的朋友是什么样的人来了解他的为人。不要轻易交朋友，要注意选择。

一个好的朋友可以让你的人生发生很大的改变，他会让你变得乐观。女孩到了20几岁后，要多一些朋友，自私一点也就是说，要多交一些对自己有帮助的朋友，你可以从他们的身上学到东西。但是想交朋友，你就要对他们付出真诚，不要只是为了想利用他们才与他们交往。没有人是傻子，你对别人好与不好，别人也都清楚地看得到。用自己的真诚与那些有思想的优秀人交朋友吧！

5. 远离泡沫偶像剧

女孩到了二十几岁后，就要开始远离那些虚假的偶像剧了，电视里的白马王子与灰姑娘都是生活里的男孩或女孩向往的，它并不是真的存在的。电视剧里出现的一些情节有时候也深深地影响了人们的观念，比如一些电视剧里会出现恶毒的婆婆，或是发现深爱自己的人竟然是自己的亲兄妹等，这些情节就是为了让人们的情绪波动，它并不能与现实生活挂钩，是超越了生活的，女孩子不应该再沉溺于这种造假的童话氛围里了，有时间多看一些能够帮助自己的节目。

想了解社会并不能通过那些泡沫偶像剧，它们是毒，有些人中毒很深时，就会让它们直接影响自己的人生观与价值观，像一夜暴富或是一夜间一贫如洗在生活里或许会有，但不会像电视剧里播放的那些简单而直接，爱情与亲情也没有影片里的那样绝决与残忍。偶像剧会影响人们对社会的判断能力，所以，请远离泡沫偶像剧。相信一个优秀的女孩，应该不会花大把的时间沉溺在偶像剧里的。

6. 学会忍耐与宽容

女孩到了20几岁后，就要慢慢地学会忍耐与宽容了。社会并不是一个任性的地方，那些大小姐的脾气要慢慢的收敛了，因为可能有些时候你的计较会让你失去自尊，成为被人指责的没有教养的女人。给那些不友好的人善意的微笑，即能够让对方无地自容，也能够给别人留下大度且善解人意的好印象。忍耐并不是懦弱，也不是伤自尊，而是宽容美。请放下理直气壮的坏脾气，在适当的时候让一步，不仅可以体现出你的涵养，还会让你成为受人欢迎的女孩。

生活里会遇到很多不公平的事情，也会遇到很多让你无法接受的人，我们不能试着去改变别人，与其非常愤怒地大声指责别人的行为，不如怀着理解的心态给对方一个微笑，任何一个人都不会去伤害一个善良的人。声嘶力竭地与别人争论并不能赢得所谓的自尊，反而会让你丢掉自尊。

7. 培养健康的心态，重视自己的身体

女孩到了20几岁后，就要学会调节自己的心态，以及好好地保护自己的身体。身体是最重要的，相信每个人都知道，但是真的做起来时，并不是一件简单的事情。20几岁的女孩在饮食方面已经应该开始注意了，建议多看一些关于饮食方面的书。任何一个女孩，千万不要为了这样或那样的理由不照顾自己的身体健康，不管明天有多么美好，若你总是以一副生病的姿态去迎接它，就不会感觉到它的美好的。

8. 让美貌成为你的资本

女孩到了20几岁后，就要开始让你的美貌发挥作用了，在适当的时候让你的美貌掌握着足够的发言权。漂亮的外貌并不是每个女孩都拥有的，让漂亮的外貌成为你的资本，在需要的时候使用一下，它可以使你渡过人生中的很多困境。虽然有时候有人说漂亮的女孩都是花瓶，但是花瓶如果摆在了合适的位置，它就是艺术品。女孩的青春美貌也只是短短的数年，所以要善于利用你的美貌。

但是女孩不能因为有了美貌就陷入自满中，有着美丽的外表又有着智慧的内在才是优秀的女人。请女孩们合理地利用自己的美貌，千万不要因为自己短暂的美貌而让自己沉沦。

9. 离开了任何一个男人，你都会活得很好

女孩到了20几岁，就要理智地对待自己的情感。很多女孩因为某个男

人而痛苦且消极地活着，感情的事情并不是谁能把握得了，为什么要因为一个男人而让自己陷入不愉快的心情中呢？一个不懂得欣赏你的男人，没有资格让你为他难过悲伤，每一个女孩都是美丽的，她在等待着一个懂她的男人出现。某个男人的离开，只能说那个懂你的男人还没有出现。男人不是女孩生活的全部，与其让自己陷入一份无望的爱情中，不如潇洒地转身，充实自己，让自己投入工作学习中，等有一天那个离开你的男人发现你是如此的成功，一定会后悔他当初离开你。

曾经我也以为我离开了他就不能活了，后来我问自己一百遍：离开了他，我还能不能活？结果有一百二十遍回答是：我会活得很好。女孩们千万不要践踏了自己，不要以为委曲求全就能换来一个男人的爱情。爱情是美丽的，女孩子也是美丽的，不容任何一个男人亵渎！离开那个不懂欣赏你的男人，这就是最华丽的转身，虽然心有不甘，但是痛苦的折磨反而让自己没有精力去经营你的工作或学习。

10. 有着理财的动机，学习投资经营

女孩到了20几岁，就要开始学会理财了，不要以为自己无法成为富翁，就花钱大手大脚的，也不要认为明天有挣不完的钱，而把今天的钱花在不应该花的地方。现在市场上有很多关于理财方面的书都是不错的，女孩子们有时间可以看一下，要养成理财的好习惯，用钱生钱，可以多看一些投资经营方面的书籍，它们都是无形的财富。不管现在你的收入有多少，都要为你的明天打算，聪明的女人应该知道如何花钱，如何花钱其实也是一门艺术。

11. 爱情跟婚姻是可以共同拥有的

女孩到了20几岁，就要面临着婚姻的压力了。有人会说爱情跟婚姻是两码事，男人娶的女人是能一起过日子的，并不一定就是自己真正深爱的，女人嫁的男人是能给自己提供一个温暖且安逸的家，但并不定就是自己真正爱的。面对这些言论，好像很多人在家庭与社会的压力下，是为了结婚而结婚。有些人结婚也是有目的性的，可能是为了让自己有个地方停留，也可能是为了以后的事业有所帮助，也有可能是自己能从对方身上得到什么。

问一下那些甜蜜中的新婚，就会知道有时候爱情与婚姻是可以共同拥有的。所谓的婚姻是爱情的坟墓，只能说双方不懂得如何去经营爱情，相信当两个人决定结婚前，双方一定是对方有感觉的，只是婚后的日子让爱情变平淡了。这仅仅是因为在结婚以后，男人与女人都放下了爱情中的浪漫，投入工作中。那些没结婚的女孩，千万不要为了某些目的而去结婚，结婚是非常单纯的事情，别搞得那么复杂。相信每个女孩都是渴望着爱情的，当女孩遇到自己深爱的那个人时，就会发现，想跟他在一起，可能无所谓贫富，无所谓生死。女孩不要为了结婚而结婚，也不要为了想得到某种生活而结婚。

第二节　20几岁女孩面对现实，多一份坦然

你可以“做梦”，可以逃避，但生活依旧，时间一样向前奔流，关键就在于你的选择。只要勇敢地去面对现实，你就会发现，心中是多么的坦然和快乐。

聪明女孩不一味追求完美

在佛教的《百喻经》中，有这样一则可笑而发人深省的故事。在印度有一位先生娶了一个体态婀娜、面貌娟丽的太太，两人情如金石，恩恩爱爱，是人人称羡的神仙美眷。这个太太眉清目秀，性情温和，美中不足的是长了个酒糟鼻子。柳眉、凤眼、樱嘴，可在她那瓜子脸蛋上，却长了个酒糟鼻子，好像一件原本足以称傲于世间的艺术精品，被失职的艺术家少雕刻了几刀，显得非常的突兀怪异。于是这位太太终日对着镜子，一面抚摸着这只丑陋的鼻子，一面唉声叹气，埋怨上帝的残忍。

这位丈夫也是看在眼里，痛在心里。一日出外去经商，行经一贩卖奴隶的市场，宽阔的广场上，四周人声鼎沸，争相吆喝出价，抢购奴隶。广场中央站了一个身材单薄、瘦小清癯的女孩子，正以一双汪汪的泪眼，怯

生生地环顾着这群如狼似虎、决定她一生命运的大男人。这位丈夫仔细端详女孩子的容貌，突然间，他被深深地吸引住了。好极了！这女子脸上长着一个端端正正的鼻子，不计一切，买下她！

这位丈夫以高价买下了长着端正鼻子的女孩子，兴高采烈，带着女孩子日夜兼程赶回家，想给心爱的妻子一个惊喜。到了家中，把女孩子安顿好之后，他以刀子割下女孩子漂亮的鼻子拿着血淋淋而温热的鼻子，大声疾呼：

“太太！快出来哟！看我给你买回来最宝贵的礼物！”

“什么样贵重的礼物，让你如此大呼小叫的？”太太狐疑不解地应声走出来。

“喏！你看！我为你买了个端正美丽的鼻子，你戴看看。”

丈夫说完，突然出其不备，抽出怀中锋锐的利刃，一刀朝太太的酒糟鼻子砍去。霎时太太的鼻梁血流如注，酒糟鼻子掉落在地上，丈夫赶忙用双手把端正的鼻子嵌贴在伤口处。但是无论丈夫如何努力，那个漂亮的鼻子始终无法黏着于妻子的鼻梁。

可怜的妻子，既得不到丈夫苦心买回来的端正而美丽的鼻子，又失掉了自己那虽然丑陋、却货真价实的酒糟鼻子，还受到无妄的刀刃创痛。

追求完美几乎是现代女性的通病：对于自身来说，胸部不够大去隆胸；腰部不够细去减肥；臀部不够美去健身；竟然连父母遗传下来的单眼皮很多女人也不肯轻易放过，要割上一刀。对于婚姻家庭的苛求就更不用说了。然而不幸的是，有些人以为自己是在追求完美，其实她们才是最可怜的人，因为她们追求的完美根本不存在。

一个孩子犯了一个错，母亲不断地指责，因为她培养孩子完美的品格。孩子拿出一张白纸，在白纸上画了一个黑点，问：“妈，你在这张纸上看到什么？”

“我看到这张纸脏了，它有一个黑点。”母亲说。

“可是它大部分还是白的啊！妈妈，你真是个不完美的人，因为你只会注意不完美的部分。”孩子天真地说。

有位吴女士，是个极正义的人，对于世界上竟有这么多不义的人很痛恨，她一直很想杀光世界上的坏蛋，好让世界完美。

有一天，她突然接到一封上帝的来信，上帝说，她也是个坏蛋，因为她的心中从来就没有爱。

要求完美是件好事，但如果过头了，反而比不要求完美更糟。就像我们居住的屋子，永远不可能如展示屋那样整齐干净，如果一味强求，反而会使居住成为噩梦一般。为了维持干净，难道我们要把马桶只作为一种摆设吗？

世界上有太多的完美主义者了，他们似乎不把事情做到完美就不能善罢甘休似的。而这种人到了最后，大多会变成灰心失望的人。因为人所做的事，本来就不可能有完美的。所以说，完美主义者根本一开始就在做一个不可能实践的美梦。

他们因为自己的梦想老是不能实现而产生挫折感，就这样形成一个恶性循环，最后让这个完美主义者意志消沉，变成一个消极的人。所以，培养“即使不完美，不上不下也没关系”的想法是相当重要的。

如果你花了许多心血，结果还是泡了汤的话，不妨把这件事暂时丢下不管。如此一来，你就有时间来重整你的思绪，接下来就知道下一步该怎么走了。“既然开始了就要把事情做好”这种想法固然没错，可是如果过于拘泥，那么不管你做些什么都将不会顺利的。因为过于追求完美，反而会使事情的进行发生困难。

有些人很勉强自己，不愿做弱者，只愿逞强，努力做许多别人期待自己却不愿做的事，这种人才是真正的弱者。别人一对你抱期望，就怕辜负了人，硬是勉强也要实现承诺，到头来才发现，原来是自己太软弱。

从根本上必须承认的，是自己的心。只有承认软弱，才可能坚强；只有面对人生的不完美，才能创造完美的人生。

女孩是很重视自己身材的，胸部更是女人用来调整自信的指标。但这有必要吗？每个人的形态、比例、气质不同，胸大并不代表美丽，胸小也不表示没魅力。况且，如果女人的幸福必须以胸部大小来决定，岂不是太悲哀？

有位友人的母亲，很是关心女儿胸部的大小，从她一发育开始，就穿调整型内衣，让她失去少女挑选内衣的乐趣。她穿的内衣，就是千篇一律的一种款式，有时，她也不免抱怨，可是她的母亲都劝她要“长久忍耐”，必有出头之一天。

“你现在只是忍耐一小段时间而已，你要知道，胸部大小会影响婚姻品质，到时候如果不幸福了，才是真正的可怜。”母亲总是如此勉励她。

在我觉得，她母亲的这种观念才可怜。婚姻的幸福不可能只在胸部大小上面，一个女人的价值也不只是在婚姻上面。

荣获奥斯卡最佳纪录片的《跛脚王》，便是叙述脑性麻痹患者丹恩的奋斗故事。丹恩主修艺术，因为无法取得雕刻必修学分，差点不能毕业。在他求学时，有两位教授当着他的面告诉他，他一辈子都当不了艺术家。他喜爱绘画，却因此沮丧得不愿意再画任何人的脸孔。

即便如此，他仍不怨天尤人，努力地与环境共存，乐观地面对人生。他终于大学毕业，还是家族里的第一个大学生。

“我脑性麻痹，但是我的人不麻痹！”同是脑性麻痹患者，也是联合国千禧亲善大使的小朋友包锦蓉说。

丹恩说，许多人认为残障代表无用，但对他而言，残障代表的是：奋斗的灵魂。

人生确实有许多的不完美，但聪明的女孩选择走出不完美的心境，而不是在不完美里哀叹。这样的女孩，才是幸福的女孩。

失去的就让他失去吧

电影《大话西游》里有一段著名的台词：“曾经有一份真挚的爱情放在我面前，我没有去珍惜，等到失去时，才追悔莫及，人世间最痛苦的莫过于此……如果上天能再给机会，我会对那个女孩说三个字：‘我爱你！’如果非要在这份爱上加一个期限的话，我希望是一——万——年！”

这段话曾作为表达对失去的爱的经典之语而被无数人传诵，它的意思是对于唾手可得的东西，我们往往不懂得珍惜，一旦失去，才发觉它的可贵。但仔细想想，可以从这段话中体味到另外一种意思，那就是：得不到的是最好的。这让我想起了一个关于苹果的故事：

上帝拿着两个苹果，让一个人挑选。这个人权衡再三，终于决定选自己最满意的那个。上帝含笑赐予，他千恩万谢地接过后转身离去。过了一会儿，他却突然反悔想换成另一个，回头上帝已不见了，他于是耿耿于怀过了一生。

这则故事是我的一位闺中密友对我讲的，在讲这个故事之前，她也诉出了她的经历：

“有个挺优秀的男孩儿，同时认识两个蛮不错的女孩儿。他想自己一定要在其中选一个更适合的。然而两个女孩儿各有各的优点，一时之间又怎可轻言取舍？终于还是老天爷帮了忙，替他和其中一个女孩儿制造出误会，让他寻得借口，了结盘踞已久的心事。而那个时运不济被冤枉出局的女孩儿，则黯然神伤，逃往千里之外的另一个城市，准备疗好伤后重新开始。

“这个爱的逃兵其实就是我。

“经过两年多异乡生活，“驿动的心已渐渐平息”。因此，当某日与那男孩儿再度聚首时，谈笑甚欢，心却是出奇的平静……借着三分酒意，他向我道歉。说经过时间的沉淀，发现当时错怪了我，希望给彼此一个机会去珍惜未来，因为他一直都无法忘记我。震惊之余，我先是婉言相劝，继而断然拒绝。最后大家不欢而散，算是彻底了结了这笔糊涂账。

“我的拒绝，既非出于报复，也非喜新厌旧。一切只因时光的不可逆转。”

最后，朋友说：“我不愿做另一只苹果，被他第二次挑中。只因在尘世中的苦苦挣扎，我已悟出‘怜惜眼前人’的道理，已悟出苹果的真相——未到手的那一个未必就比手中这一个更好。因此，我有何喜？他有何忧？”

的确，人生何必有那么多的遗憾？而沉迷于回忆的泥潭不能自拔就更加可悲。现实生活中，有很多女孩沉醉在过去的感情中不能自拔，得过且过，要知道，得不到的不一定是最好的。20几岁的女孩，可能还是个懵懂的少女，也可能已经经历了情感挫折的洗礼，但聪明的女孩无论如何也不会沉沦，因为她们懂得“得之不喜，失之不忧”，才是最好的人生态度。

好心情让20几岁女孩更美丽

心情和一个人的外貌有很大的关系，你相信吗？心情好的女孩，会神清气爽，眉开眼笑，人见人爱；而心情低落的女孩，情绪就像蒙上一层阴霾，常常愁眉苦脸，唉声叹气，这样的女孩何谈美丽呢？20几岁的女孩，花一般的年龄，要时时刻刻保持好心情，这样看起来才更美丽。聪明的女孩知道如何突破心情的阴霾，让自己发现自己的美丽，并把它发挥出来。

一位母亲带着她的女儿来到心理学教授面前，诉说起女儿的情况："先生，我弄不明白她是怎么回事。她对自己的一切都马马虎虎，毫不经心，学业荒废，衣衫不整，吊儿郎当，浮躁潦草；对她周围的事物漠不关心，神不守舍。她如今都十七啦，还这么不懂事，这可叫我如何是好？"

教授笑着说："请允许我单独跟她谈一谈，好吗？也许我能了解她对自己和周围一切漠不关心的秘密所在。"

母亲走了，教授仔细观察着姑娘。这位衣衫不整、蓬头垢面的少女长得很美，但她的美却被邋遢的外表掩盖了。姑娘成熟了，心理却很幼稚。

教授跟她聊天，她似听非听。教授沉默了一会儿，突然问她：

"孩子，你难道不知道你是个非常漂亮、非常好的姑娘吗？"

这句问话，使姑娘美丽的大眼睛里放射出一缕亮光。她慢慢抬起头来，久久盯着老教授那布满皱纹的善良面孔，一丝深沉的笑容浮现在她的脸上，如同沉梦方醒，看到了新的天地。

"您说什么？"姑娘惊喜地问。

"我说你很漂亮、很好，可你却不知道自己是个漂亮的好孩子。"

姑娘那秀丽的脸上更多地呈现出了舒心的微笑。这样的话她从未听到过，平时充塞她耳际的除了同学们的数落、嘲弄，就是母亲的谩骂。因而，她自己也就破罐破摔了。

教授拉着姑娘的手说："孩子，今晚我和我的夫人要去剧院看芭蕾舞剧《天鹅湖》，特请你陪我们一块去。现在还有两个小时的时间，如果你愿意，请你回去换换衣服。我们在这儿等你。"

姑娘高兴极了，活蹦乱跳地跑出去，跟母亲一块儿回家去了。

快到时间了，教授听到一阵文雅的、轻轻的敲门声。打开门，他惊呆了：一身晚会的盛装衬托出一位出水芙蓉般的少女，两道如月般的细眉下是一双动人的眼睛，抬起来亮闪闪，低下去静幽幽；那富有活力的面庞，使她显得那么聪明伶俐，体态那么苗条健美。她的一颦一笑、一举一动都是那么文雅、自持、适度。教授简直认不出她就是刚才那位邋里邋遢的少女了。从此，姑娘变了，变得自爱而奋发，后来成了一位著名的舞蹈艺术家。

不要因外界事物的好坏而影响你的情绪，更不要认为你不行，其实你原本可以很能干、很出色的，只不过还没有遇到能够发现美丽的眼睛而已，那么首先就让自己来发现自己吧！

聪明女孩甘做“享乐主义者”

也许，你我都应该为自己感到羞耻，因为在我们人生已度过的日子里，我们一直是生活在一个美好的乐园里，但是，我们好像瞎子一样，没有去好好地欣赏它，也没有好好地去享受它。

包希尔·戴尔是一位眼睛几乎瞎了的不幸女人，但是她的生活并不是像我们所想象的那样糟糕。因为她始终坚信，不论是谁，只要她来到了这个世界上，就是合理的。这种合理性理论，她不仅应用到了人存于世所作所为的合理性之中，也运用到了寻求生活真意的追求之中。用她的话说，她相信有所谓的命运，但是她更相信快乐。因为她自己就是一个在厨房的洗碗槽里也能寻求到快乐的人。

包希尔·戴尔的眼睛处在几近失明状态很长时间了。她在自己所写的名为《我要看》的一本书中这样写道：

“我只有一只眼睛，还被严重的外伤给遮住，仅仅在眼睛的左方留有一个小孔。所以每当我要看书的时候，我必须把书拿起来靠在脸上，并且用力扭转我的眼珠从左方的洞孔向外看。”

但是，她拒绝别人的同情，也不希望别人认为她与一般人有什么不一样。当她还是一个小孩子的时候，她想要和其他的小孩子一起玩踢石子的游戏，但是她的眼睛看不到地上所画的标记，因此无法加入他们，于是，她就等到其他的小孩子都回家之后，趴在他们玩耍的场地上，沿着地上所画的标记，用她的眼睛贴着它们看，并且把场地上所有相关的事物都默记在心里。之后不久，她就变成踢石子游戏的高手了。她一般都是在家里读书的，首先，她先将书本拿去放大影印之后，再用手将它们拿到眼睛前面，并且几乎是贴到她的眼睛的距离，以致她的睫毛都碰到了书本。就是在这种的情况下，她获得了两个学位，一个是明尼苏达大学的美术学士，另一个是哥伦比亚大学的美术硕士。

在她得到学位之后，便开始在明尼苏达州双生谷的一个小村庄里当教员，后来升为南达科塔州苏瀑城奥古斯塔学院新闻学与文学的副教授。她在那里教了十三年的书，其间，她经常在妇女俱乐部演讲，以及在广播电台介绍文学著作与作家。她写道："在我内心深处一直存在一种害怕面对黑暗的恐惧心理，为了克服它，所以我就用愉快的，而且是几近欢闹的心情，去过我自己的生活。"到了1943年，那时她已52岁了，也就在那个时候发生了奇迹。她在玛亚诊所动了一次眼部手术，没想到却使她的眼睛能够看到比原先所能看到远四十倍的距离。尤其是当她在厨房做事的时候，她发现即使在洗碗槽内清洗碗碟，也会有令人心情激荡的情景出现。她又继续写道："当我在洗碗的时候，我一面洗一面玩弄着白色绒毛似的肥皂水，我用手在里面搅动，然后用手捧起了一堆细小的肥皂泡泡，把它们拿得高高地对着光看，在那些小小的泡泡里面，我看到了鲜艳夺目、好似彩虹般的光彩。"

当从洗碗槽上方的窗户向外看的时候，她还看到了一群灰黑色的麻雀，正在下着大雪的空中飞翔。她发现自己在观赏肥皂泡泡与麻雀时的心情，是那么的愉快与忘我。因此，她在书中的结语中写道："我轻声地对自己说，亲爱的上帝，我们的天父，感谢你，非常非常的感谢你！"让我们来感谢上帝的恩赐，因为它使你能够洗碗碟，因而使你得以看到泡泡中的小彩虹，以及在风雪中飞翔的麻雀。

如果想不再忧虑，好好地生活的话，那么，20几岁的女孩就要现实一些、聪明一些，在生活中常去想一些美好的事物，而不要去想一些恼人心烦的事物，做一个活在当下的"享乐主义者"。

用积极的眼光看待一切事物

看到花开花落，有人低吟的是“落花流水春去也，天上人间”，有人却会高唱出“看万山红遍，层林尽染”的快意。感情色彩不同的两句词的作者也具有截然不同的人生轨迹，李后主在抑郁中客死他乡，毛泽东却度过了辉煌灿烂的一生。难怪历来的成功学者一致认为，事物本身并不给你造成多大影响，你的一切成败皆来自你对事物看法的影响。

一位作家去美国访问，在前往旧金山的飞机上，与他同座的是一个年逾花甲的老太太。他们之间进行了一次友好的交谈。老太太说，她是一个英国人的后裔，她在加州距巴沙墩不远的地方，为老年的英国人建了一个家。她虽已年届86岁的高龄，但不仅每天仍以“荣誉会长”的身份去探视这个家，并经常抽空去参加一个她所助建的老年人俱乐部集会。

“我每天都朝气蓬勃，”她对作家说，“我们现在活得很快乐，我不认为我的年龄是个问题。我知道我要的是快乐，并尽力使每一天的日子都过得有声有色。我喜欢与别人交谈，因为这样交流使我们的距离很近，不是吗，孩子？”

“你是一位充满青春活力的老太太。”

“对我来说，每一个日子都趣味盎然。”她说。她真是表里一致，她的两眼中闪烁着生命的火花。

在从旧金山返回时，与作家同座的，是一个年约12岁的男孩。他虽很年轻，但两眼呆滞无光，反映出他在这段短短的人生旅途中曾经受了不少挫折。

他和作家互相避不注视，一路只是望着窗外发呆。飞机快降落时，小男孩才开口说了一句话：“我看到下面的人，像臭虫一样！”

这句话要是出于别的孩子之口，也许只是一种天真无邪的表现，但出于这个眼神迟钝的孩子之口，这让作家觉得，将人比做臭虫的这个比喻，含有特殊的意味。在他看来，人都是污秽的东西，他把人生看成是一种没有意义的事情。作家为这个小家伙感到遗憾。

老太太和小男孩年龄差了七十多岁，却抱有完全不同的人生态度，这样的反差不得不让人慨叹世界观、价值观对于一个人的作用。这使我想起了我从前的两个同事的故事。

郝兰与王霞原来和我在同一家纺织厂上班。后来，由于经营不善，工厂极度亏损，处于面临倒闭的境地，于是她们两个人便成了下岗工人。面对下岗的事实，王霞十分沮丧，她认为自己在这样的一间工厂工作太倒霉了。自己把青春和热情都毫无保留地奉献给了它，可到头来就这样毫不客气地被它给“踢”了出来，成了社会中游荡的“孤儿”。

与王霞的看法恰恰相反，失业后的郝兰不但没有一点悲哀，反而却有一种自己也说不清楚的兴奋。“过去一直在工厂中工作，每月一到日子便去领那少得可怜的工资，然后再什么也不想地一心做好本分工作，常常觉得自己简直就是一台工序简单的机器。这是由于人的一种安于现状的本性吧？还舍不得把这个‘铁饭碗’给丢了，就只好有一天算一天，得过且过。所以当被主任通知停薪留职那天，我毫不犹豫地对他说，甭留什么职了，留职我也不会再回来工作，我要做自己的事去。就这样，我愉快地下岗了，我认为这是我的一种解脱。”每当提起下岗时的那段时间，郝兰都有些兴奋，她时常对周围的朋友说，她真正意义的人生是从下岗那天开始的，因为直到那一天，她才是真正开始寻找自己想做的事。

也许正是由于王霞和郝兰对下岗的两种截然相反的看法所致，一直处于悲观失望中的王霞始终没有想好自己该做什么，除了看织布机自己还能做什么，所以，几年后的今天，她成了一个无所作为的待业人员。而郝兰经过几年积极的打拼，先后开过手工织手套作坊、制衣厂、棉纺厂等，现在已成为一家品牌服饰集团公司的女老板。

不同的人生态度会造就不同的人生，试着别让“坏”的事物暗淡了你的眼睛，你的心灵才不会荒芜，你的前途也才会越走越光明。

第三节　现实中，聪明女孩的做事习惯

行为学家研究发现，一个人一天的行为中大约有5%属于非习惯性，而剩下的95%的行为都是习惯性的。即便是创新，最终也可以演变成习惯性的创新。习惯改变命运，好的习惯可以使人远离错误，接近成功，而坏的习惯不但会使我们丧失成功的机遇，也会使我们的人生陷入困窘。鉴于此，我们要在年轻时就努力地养成获取美满幸福生活的好习惯。

心中拥有高目标，做事要摆低姿态

20几岁的女孩，要想在30岁后生活得好，就得心怀较高的生涯发展目标。如果你目标太低，你的生活就可能永远达不到一定的高度；但是，如果你只是心怀大目标，却又不屑于从最低级的小事做起，那么你的目标就会落空。因此，聪明女孩心中拥有高目标，但做事摆低姿态，做好小事，成就大事。

一天，一位白发苍苍的老人路过石矿，看见三个年轻人正在炎炎烈日下打石子，汗水已经浸透了他们的衣裳。

老人走到他们的面前，向第一个年轻人问道："这么毒的太阳下你还在打石子，请问你打这些石子想做什么用？"年轻人看了看老人，笑着说："还能干什么，打来卖钱养家糊口呗！"

老人又走到第二个人的面前问了同一个问题，第二个人回答说："为了给自己家建造一所大瓦房住。"

老人又来到第三个人面前问这个问题，第三个人却说："我要修一条平平整整的路，好让山外的有钱人来到这里投资建厂。"

若干年后，老人再次来到这里时，情况已经变化了很大。一条宽阔平整的公路从山外逶迤而来，而尽头的那一段则是一座相当有规模的水泥厂，在水泥厂的两边不远的地方，是一所高大宽敞的大瓦房。老人又来到了几年前三个青年打石子的地方，只见一个瘸子正蹲在地上打着石子，老人从他的脸形上认出了他，他就是几年前说打石子为了挣钱养家的那个人。

从这个故事可以看出，很多时候光有干劲是远远不够的，还需要为自己设定一个宏伟的大目标，然后以一颗平常人的心态，去一点一点地完成它。

作为一个女人，要想活得好，就得心怀较高的生涯发展目标。如果你目标太低，就可能活得像那个打石子仅仅为养家糊口的年轻人一样；同样是打石子，三个年轻人心中的目标不同，结局也就截然不同了。

曾经担任过美国足球联合会主席的戴伟克·杜根也说过这样一段话："你认为自己被打倒，那你就是被打倒了。你认为自己屹立不倒，那你就屹立不倒。你想胜利，又认为自己不能，那你就不会胜利。你认为你会失败，你就失败。因此，环视世界的成功例子，我发现一切胜利皆始于个人求胜的意志与信心。一切胜利唯存于心。你认为自己比对手优越，你就是比他们优越。因此，你必须往好处想，你必须对自己有信心，才能获得胜利。生活中，强者不一定是胜利者；但是，胜利迟早属于有信心的人。"

但是，如果你只是心怀大目标，却又不屑于从最低级的小事做起，那么你的目标就会落空。因此，我们又要像打石子的年轻人那样，做好小事，成就大事。

认真做好每一件小事

对于20几岁的女孩来讲，能够认真地做好每一件生活中的小事是一种美德，同时也是一种福分。你将发现，生活的本身有很多美丽的东西，就在一桩桩小事里。

在一家餐厅里，王小姐曾遇到过这样一个略带灰色的幽默事情。那天，这家餐厅的生意出奇的红火，几个年轻的女服务员如同游鱼一样在桌与桌的缝隙间川梭往来着。这时只听一个瓮声瓮气的男中音喊道：“服务员，你过来一下。”

“有什么事吗？”一个女服务员问道。

“我没有办法喝这碗汤。”

女服务员一脸茫然道：“对不起，先生，我去叫经理来。”

顾客：“经理先生，我没有办法去喝这碗汤。”

经理说：“那我去叫大厨来吧。”

顾客：“大师傅，我没有办法去喝这碗汤。”

大厨问：“这碗汤有什么问题吗？”

顾客说：“因为我没有汤匙。”

“人们常说女人心细，可是如果这个女服务员心细一点，不忘记在送汤的时候顺便把汤匙也带上，或者说，如果顾客第一次问她的时候她能稍加思考，再追问一句，事情肯定不会弄成后来的那个样子。”事后王小姐感慨地说。

中国有句古话叫做：“勿以善小而不为，勿以恶小而为之。”在生活中，也许是一件看起来微不足道的小事情，一旦它有了发展的空间，或积少成多，那么它的影响将是巨大无比的。著名演说家金拉克曾就此举了这样一个例子：

如果我的表慢了4分钟，我要搭正午12点的飞机，结果12点零4分才到机场，你一定知道结果如何。我早就和航空公司约定好，班机预定起飞的时候，如果我还没有赶到，就不用等我，航空公司也一直信守诺言。

有人说，对小事情诚实可不是小事一桩，而不论“立意”多么伟大，都比不上能实践最小的善行。这两句话真是太有道理了。有时候，一点小事可能具有极为重大的意义。

退休的准将瑞斯纳曾经在战争中被囚禁7年。其中有5年，他都住在独居室，有时候寒风刺骨，有时候酷热难当，营养不良又缺少新鲜空气，更别提有任何人可以安慰他了。他在小小的牢房里踱着方步，沮丧得无以复加时，真想仰天长啸，但是为了不让敌人因为他的沮丧而幸灾乐祸，他把内衣紧紧塞在嘴里，不让自己叫出声。

有一天，他沮丧到了极点，倒在地上，环顾长方形的小牢房。他把眼睛贴在砖墙上，希望能找到一丝空隙。幸运的是，其中有一块空心砖果真有一道裂缝。事后他回忆道，看到外界的那一丝生命迹象，使他顿时精神百倍，心情完全为之改变。

一切尽在细节中，聪明的女孩懂得通过一些生活的小事来展现自己的美丽，来享受生活的幸福。诚如有些女孩在欣赏自己刚刚完成的一束插花，或端详男友惬意地品味自己亲手为他煮制的咖啡时的那种成就感一样，幸福自然洋溢其中。

现在请你平静地看看身边，想想自己已经拥有哪些福分。你将发现，生活的本身有很多美丽的东西，就在一桩桩小事里。

聪明女孩的4个好习惯

保持微笑、发扬礼让精神、恰当的赞美、记住别人的姓名，是拉近你与他人之间的距离，并使人们迅速喜欢上你的4种“武器”。可以说，20几岁的女孩，谁掌握了这4种武器，谁将会在社会交往或工作中无往不胜。

1. 保持笑脸

“笑一笑，世界更美妙……”不单在旅游业提倡礼貌、微笑服务，各行各业的工作人员对客户、业务伙伴或生活伴侣都应礼貌周全，保持可掬的笑容。的确，不论是微笑，还是快乐的笑、傻笑、哈哈大笑……笑总是给别人舒适的感觉的。而笑也正好是女孩子获取别人喜欢的重要“武器”。

纵然你不是那类天生喜欢笑的女孩，在社会上活动也不能过分吝惜笑容。尽管工作令你很疲劳，又或连续加班，忙得地暗天昏，见到别人也还是要展现可爱的笑容。

有些女孩子由于工作令她疲惫不堪，与恋人约会时也毫无笑意，因而产生不良影响——对方会想：“是不是不高兴跟我约会呢?”心中顿生怀疑、不安的感觉。故此，不论多么疲劳，也请对人笑脸相迎，这个良好的习惯，一定为你带来很高的评价。

2. 发扬礼让精神

如何使陌生人也觉得你可爱？礼貌是不可或缺的要素。在这个生活紧张的社会里，日常看到女孩子失态的真实例子极多。如乘搭地铁、火车或巴士时，争先恐后地挤入车厢，还要跟别人（甚至是年长的妇人、小孩子）争座位，更不堪的是，坐下后还要露出沾沾自喜的神色！又如女孩子在酒楼餐厅、公共电话亭，老是拿着电话听筒不肯放下，任有多少人在排队等候，她也视若无睹。这是一种令人难以接受的失态。须知，这类贻笑大方的行动，会叫别人在心里暗骂你的自私无礼。要是不经意地传扬开去，你还是令别人宠爱的女孩吗？

3. 恰当的赞美

要给别人留下好印象，你需要了解人性的弱点：虚荣、自尊。你与别人相处时，要以真诚相对，撇去自私自利的行为，而且在适当的场合、时间给别人恰到好处而又不至说谎的恭维，必能令对方更喜欢你。

4. 记住别人的姓名

自尊好名是人类的天性，所以记住别人的姓名，是在交际中博得别人好感的一个重要手段。若一个很少见面的朋友、客户、亲戚，知道你记得他们的名字，他们便会觉得自己在你心目中有一定的地位，对你自然顿生好感。如何记住别人的名字呢？首先，在第一次介绍认识时，应该听清楚别人的姓名。其次，与他谈话时，不妨多提他的名字，最后，在脑海中把他的名字跟别的事物联系起来，以便加强记忆。

第二章

聪明女孩20几岁开始交朋结友，搭建人脉

在现代生活中，人脉是至关重要的。无论是工作上的同事、上司，或家庭中的夫妻关系和亲子关系，只要出了问题，我们都会表现出负面情绪，严重者甚至出现心理问题。聪明的女孩从20几岁开始，便注重结交朋友，搭建自我的人际关系网络，从而为自己的将来奠定良好的人际关系基础。

第一节　20几岁女孩，趁着年轻搭建人脉

一个女孩的人际交往越频繁，那么她在事业上成功的几率就越大。20几岁的女孩，趁着年轻，积累人脉，能与各种人广交朋友，并让他们乐意为自己提供各种帮助，这样的女孩，还有什么办不成的事呢？

经营好自己的人脉关系

人脉就是钱脉，没有关系就没有发展。聪明的女孩从20几岁开始经营自己的人脉，因为她们知道一个真正懂得交际的女孩才是快乐与幸福的。为什么这么说呢？

我们都知道，人际交往中不只是蕴涵着大量的成功机会，更重要的是其扩充和丰盈着我们的人生。就女人来说，假如你要在事业上获得进一步的发展和提升，你一定要学会编织并维护好你的人际关系网络。经营关系网该从哪几个方面着手呢？

1. 保持好联系，谨防由熟变生

建立“关系”最基本的原则就是：不要与人失去联络。不要等到有麻烦时才想到别人，“关系”就像一把刀，常常磨才不会生锈。若是长久不联系，你就可能已经失去这位朋友了。

因此，主动联系就显得十分重要。试着每天打几个电话，维系已有的情谊。

不要放弃每一个目标。大忙人虽不好找，并不表示绝对无法接近。不必浪费时间在上班时间打电话给他们，但可以多采用一些形式经常保持你对他们的问候、请安、致意。

2. 感情投资

你有没有这样的经验：当你遇到了一种困难，你认为某人可以帮你解决，你本想马上找他，但你后来想一想，过去有许多时候本来应该去看他的，结果你都没有去，现在有求于人才去找他，会不会太唐突了，甚至因为太唐突而遭到他的拒绝？

在这种情形之下，你不免有些后悔“平时不烧香”了。

法国有一本名叫《小政治家必备》的书。书中教导那些有心在仕途上有所作为的人，必须起码搜集20个将来最有可能做总理的人的资料，并把它背得烂熟，然后有规律地按时去拜访这些人，和他们保持较好的关系，这样，当这些人之中的任何一个当了总理时，自然就容易记起你来，大有可能请你担任一个部长的职位了。

这种手法看起来不大高明，但是非常合乎现实。一位政治家在回忆录中提到：一位被委任组阁的人受命伊始，心情很是焦虑。因为一个政府的内阁起码有七八名阁员（部长级），如何去物色这么多的人？这的确是一件难事，因为被选的人除了有适当的才能、经验之外，最要紧的一点，就是和自己有些“交情”。

要和别人有交情才好办事，不然的话，任你有通天本事，别人也不知道。

现代人生活忙忙碌碌，没有时间进行过多的应酬，日子一长，许多原本牢靠的关系就会变得松懈，朋友之间逐渐互相淡漠。这是很可惜的。有心的女人懂得珍惜人与人之间宝贵的缘分，即使再忙，也不会忘了沟通感情。

“敢问情为何物，直叫人生死相许”，每个人都难逃脱一个“情”字。尽管当今社会流行一句话：“认钱不认人”，但是“人情生意”从未间断过。人既然能够为情而死，那么为情而做生意又有什么不可？想想也是人之常情。

所以，营造关系网也需“感情投资”。

让我们以做生意为例，所谓“感情投资”，说简单点，就是在生意之外多了一层相知和沟通，能够在人情世故上多一分关心、多一份相助。即使生意没有做成，也能够相互体谅，“生意不成人情在”。

很多人都有忽视“感情投资”的毛病，一旦关系好了，就不再觉得自己有责任去保护它。特别是在一些细节问题上，例如该通报的信息不通报，该解释的情况不解释，总认为“反正我们关系好，解释不解释无所谓”，结果日积月累，形成难以化解的问题。

而更糟糕的是人们关系亲密之后，总是对另一方要求越来越高，总以为别人对自己好是应该的，若稍有不周或照顾不到，就有怨言。长此以往，很容易形成恶性循环，最后损害双方的关系。

可见，“感情投资”应该是经常性的，也不可似有似无，从生意场到日常交往，都应该处处留心，善待每一个关系伙伴，从小处细处着眼，时时落在实处。

3. 调整关系网

一个合理的人际结构，必须是能够进行自我调节的动态结构。动态原则反映了人际结构在发展变化过程中前后联系上的客观要求。

所以，要不断检查、修补关系网，随着部门调整、人事变动及时调整自己手中的牌，修补漏洞，及时进行分类排队，不断从关系之中找关系，使自己的关系网一直有效。

在实际生活中，需要调节人际结构的情况一般有三种：

一是奋斗目标的变化。也许你的奋斗目标已经实现，也许你的奋斗目标变了，比如弃政从商，这需要你及时调节人际结构，以便为新的目标有效地服务。

二是生活环境的变动。在当今这样的信息社会，人口流动性空前增加，本来在A地工作的你，忽然到B地去工作。这种环境变动，势必引起人际结构的变化。

三是某些人际关系的断裂。天有不测风云，朝夕相处的亲人去世了，在悲哀的同时，不能不看到人际结构的变化。

可见，调节人际结构有被动调节和主动调节两种，不管是何种调节，都要求我们能迅速适应新的人际结构。

为此，女人在建造人际结构时，就要努力为自己建造一种善于进行新陈代谢的开放性人际结构。

结交名流的女孩更容易成为一流人物

一位女孩使自己成为一流人物的途径之一，就是要与一流人物交往。

在自己所处的环境里，能与站在顶点地位的一流人物交往，并学习其观念、优点、做法，才能引导自己向上。名流中固然有名不符实者，但毕竟大多数人确有本事和才能，倘若能吸取他们经验和观点中的精华，对你的生活和工作必将大有助益。

而与那些远不及自己的人往来，最后很容易使自己落到那些人之后。这就好比打球和下棋，你若总是跟高手对阵，水平就会不断提高；你若总跟比你水平还低的人玩，你的水平必定下降。

结交名流也可能获得更切实的帮助。如果你立志在商界干出名堂来，首先就要想办法接近商界名流，与其交往，建立起良好的信赖关系。一旦与你建立了信赖关系，他就会考虑："替这个人找个机会造就人才吧。"如此一来，你的命运可能会大获改观，甚至可能一层层地脱胎换骨，一步步走入名流社会。可能你还没有真正认识到，有名的人往往有深远的影响力，一句赞许的话就可能使你受益良多。

所谓一流人物，不光是指那些大名鼎鼎的社会名流。其实，行行出状元，就在你的身边，你的单位里，那些业务高手也都是一流人物。你不要放过了与他们"深交高攀"的机会。在他们的栽培下，你只要虚心努力，也会成为崭露头角、受人重视的实力派人物。

有一个著名的公关专家曾经说过这样一段话："要发展事业，人际关系不容忽视。费心安排的话，人际关系便能由点至面，进而发展成巨树。有了巨树，我们才能在巨树的树荫下休息，坐享利益。社会地位愈高的人，在拓展事业的时候，人际关系愈是重要。但是，总不能因此就拿着介绍信去拜会重要人物。就算登门造访，人家也未必有时间见你，因为各界的知名人物们通常都排有紧凑的日程表，即使见面，大概顶多也不过5分钟、10分钟的简短晤谈，无法深入。所以，制造与这些人物深入交谈的机会，非得另觅办法不可。"

而另一位著名的企业家却通过"十年修得同船渡"的方法结识许多社会名流，他的经验是："在每次出差的时候，我都选择飞机的头等舱。一个封闭的空间，不会有其他杂事或电话干扰，可以好好地聊上一阵。而且搭乘头等舱的都是一流人士，只要你愿意，大可主动积极地去认识他们。我通常都会主动地问对方：'可以跟您聊天吗？'由于在飞机上确实也没事可做，所以对方通常都不会拒绝。因此，我在飞机上认识了不少顶尖人物。"

知道结交名流也是人之常情，你无须畏缩，只需要拿出勇气和智慧来，与名流交往、沟通，不断地从内在和外在两方面一起提升自己，一步步迈入名流行列。

主动创造接近知名人物的机会

普通人一般很难结交知名人士，若能与他们合作或与他们交上朋友那真是很荣幸，也是很珍贵的。只要你有人生成功的大决心，并且方法得当，总能获得结交名人的机会，并得到他们的支持与帮助。

1. 掌握他们的各种关系

要与知名人士交往，最基础的工作就是要掌握他们的各种关系。

知名人士也是人，不是神，他有各种社会关系，有各种各样的业务工作，也有各种各样的喜好、性格特征。特别是现代媒体，经常关注一些名人的情况，从中你定会了解他们许多情况。

人都有各种各样的社会关系，名人亦如此。你可以从他的历史上认识他，他的过去、他的经历、他的祖辈、父辈，也可以从他的亲属、他的朋友、他的子女等那儿认识并了解他。

从专业、业务工作上了解名人也是一条好途径。例如商界名士，他经营的范围主要是哪些，次要是哪些，他的分公司、子公司分布在什么地方，这些公司的经营者是谁，等等。

从兴趣爱好上了解名人。他喜好什么运动、什么物品、什么性格的人，他喜欢或经常参加什么聚会，他休闲、娱乐的方式有哪些，到什么地方，等等。

总之，要结交一个名人又没有机会的时候，你不妨先从以上几方面去了解，总会发现一些机会的。

2. 借助关系贴近名人

在掌握名人的各种关系之后，你要设法通过这些关系去认识名人。不要小看各种关系的作用，哪怕是名人身边的家政保姆、服务人员，没准也能替你引见呢。因此你要做个有心人，锲而不舍地动脑筋，就像攀崖运动，寻找到一切可以借助的点，向人生顶峰挺进。要利用各种名人关系，或请引见，或写信函请转交，或请推荐等，总会有成效。

3. 以内涵打动名人

和名人交往，关键还要看你自身有没有可以引起名人注意的内在素质和底蕴。各种关系只能是个渠道，使你能进入名人的圈子，而能不能进一步得到他们的提携、指引、帮助，这就需要你自己拿出一番工夫来。

倘若你仅仅是个追星族一样的崇拜者，那么接近名人之后不外乎请他签个名、合个影什么的，你还能得到什么呢？倘若你是指望名人为你的人生成功助一把力，你就得首先在与名人相关的专业上下工夫，几番磨炼后，拿出点真东西以这方面向他们请教，和他们探讨。一旦他们发现你是个可塑的苗子或人才，没准会爱才心切，主动为你提供很多宝贵的帮助和机会呢。

年轻的艾琳娜16岁时就特别喜爱写小说，她的父母、老师也觉得这孩子颇具文学的天才。但她写出第一部小说，自己送到一家出版社后，编辑没怎么看得上眼，就退了回来。

艾琳娜并不灰心。她开始动心思寻找打开出版社的大门。于是，她通过学校的老师介绍，认识了某个文学杂志社的知名作家兼主编。想不到作家仔细阅读了她的作品后，大为赞赏，略做了修改之后，便向一家出版社隆重举荐，并在自己的杂志上开始连载。最后，艾琳娜的处女作顺利出版，在读者中引起了热烈反响。

这个故事说明，与名人交往不可徒具形式，那叫“混圈子”。你要拿出真东西来，靠名人的台阶去跨进成功之门！

4. 制造特殊的见面氛围

当你发现了或者创造了与名人见面的机会后，最重要的便是如何制造一种特殊的会面氛围。

例如，在一次讲座举办时，你在选择位置上，一定要选择一个与名人尽可能近的位置，以便他能发现你，并且一有机会便可搭上关系。

同时，要以穿着表现自己的个性，因为与人第一次交往，别人往往是从服饰上得来第一印象。着装要表现个性、特色，使人一目了然。

要针对名人关注的事予以刺激，要尽快发现对方关心注意何事，找到适当的话题，抓住对方的注意力，刺激对方对自己的兴趣，话语要力求简洁、有独创性，使对方产生震撼，留下较为深刻的第一印象。

5. 获得名人青睐的方法

适当展示自己的学识才干是赢得名人青睐的重要方法。名人一般都喜才、爱才，如果你一贯表现出对他意见的赞同，不敢表现自己独特的见解，他可能会反感你的。因此，适当表现自己的独特见解，才会受到喜爱。当然，你不能表现得锋芒毕露，让人一见就觉得有喧宾夺主之感。

别出心裁送赠品是联系名人情感的重要方式。这要针对名人的具体情况，不能千篇一律。不一定昂贵就是好礼品，要赠送，就要送他特别喜爱的礼物才是。同时在赠选方式上也要别出心裁，包装样式、赠送仪式都要显得别具一格；有时，你不妨请他的太太代理，或许效果会特别的好。

写信是交流思想、联系感情的好方式。随着电讯事业的发展，电脑技术的开发，很多人的联系方式都是通过电话、传呼、电脑等，很少再看见以书信方式交流了。其实，人人都希望有一位朋友悄悄跟自己说话，书信便是最好的方式。在书信里你不必有过多顾虑，敞开心扉与之交流吧！也许，你只花几分钟，相当于同他交流几小时呢。因为，书信给人想象的空间很大。当然要注意，书信的字不能太潦草，也不能用印刷品，让人觉得很不真诚。

善用自己的可爱之处

女人在社交手腕上要妙方多用，刚柔相济之法是其中重要的一种。女人们完全可以在社交中灵活运用“刚”与“柔”的手腕，用“柔”的心灵、“柔”的微笑、“柔”的语言和“刚”的自主意识、适时的“刚”的态度，使自己的举止“柔”中有“刚”、“刚”中融“柔”，这样就会使自己魅力无穷。

韩雅是一个相貌平平，十分精干的女子，但在公司里，同事们尤其是男同事不愿意与她共事。因为她总给人一种冷漠的感觉。

后来，韩雅给公司拉了好几个大客户，觉得这样就能扬眉吐气了，但是男同事们除了认为她的能干之外，还是对她不冷不热。为什么会这样呢？韩雅百思不得其解，很是烦恼。一天，韩雅把自己烦恼的事告诉了好友，并问她：“我也没有和谁闹矛盾，工作也很努力，为什么大家对我总是不冷不热的？”好友了解她在公司的情况后，说：“一个女孩子，美丽的外表固然重要，但是柔和、可爱是女孩子不可缺少的，没有谁愿意和一个整天绷着脸的女孩来往。”韩雅终于有所领悟，心想是不是自己只是知道工作却忽视了与大家的交流呢？她想以一种方式改变大家对她的看法。

一天早上，她早早地来到办公室，买了一大束鲜花，她希望这些美丽的鲜花能给每一位同事带来温馨。整个办公室因为有了鲜花而香气四溢，同事们上班时都称赞这些美丽的鲜花，并且因为有了这些鲜花的陪伴，一整天都精神十足，大家都被这温馨的花香感动了。

当大家知道那些鲜花是韩雅买的后，大吃一惊，有的还悄悄地说：“原来小韩也有柔和、可爱的一面。”

韩雅通过鲜花使同事们感到了她的温柔可爱之处。

自古以来，人们都以“阳刚”代表男性，以“阴柔”代表女性。在人们的意识中，男孩应该雄心勃勃，干出一番轰轰烈烈的大事业，女人应该行为温顺、妩媚可爱、举止文静。随着社会的发展，人们的观念也在不断更新，“阳刚”亦可柔，“阴柔”亦可刚。刚可压柔，柔可克刚，女性只要恰当运用自己的优势，就能够妥善处理职场人际关系，在现今以男性为主的职场中获得事业的成功。

你如果是一位雄心勃勃、乐意把每分钟都花在工作上并愿意接受任何挑战、想干一番事业的女性，你就不可能有时间在办公室里大要权术。此时，你就面临着如何对付自己的男性领导的问题。“认真工作，与人为善”是基本前提。在工作时，对每一位上司都尊敬，对自己的本职工作认真负责。只要你这么干下去，肯定会得到升迁。

有些男领导面无笑容、性情顽固，不喜欢自己的下属多讲话，只能看到他们在拼命地工作，在办公室绝对不许解决私人问题、不许聊天。如果遇到这样的领导，其实也好对付，你只要性情随和、努力工作、尽量少犯错误，他就不会挑你的毛病。

还有些男主管，虽然坐在主管的位置上，观念却没有主管那么“高”。也许他会轻视女性，认为女性就是办不好事情。他也不理睬女性职员，不想和她们交流，碰到这种男主管，的确让女性朋友们伤脑筋。

在还没有办法离开这种人的时候，你要处处尊敬他、服从他，不要感情用事，同时认真完成工作任务。然后悄悄寻找机会离开这种老板或主管。因为在这种人手下干事，你永远得不到升迁的机会。

还有些主管，过于“浪漫”，善于讨好女性，也许他本性如此，也许他只是针对某位女性。这种主管，避得越远越好，最好别和他接触。

20 几岁女孩缔结良好人脉准则

在现今的社会环境中，一个真正快乐与幸福的女孩，是一个拥有良好人际关系，懂得社交的女人。正是因为如此，无论是处在什么样的场合，面对什么样的人，她们都能恰如其分地表现自我，处理好各种各样的关系，成为社交场合中的焦点，成为深受人们欢迎的人，从而缔结良好的人际关系网，继而获取快乐与幸福的资本。

许多女孩心中充满了疑惑，虽说她们知道社交的作用，也尝试着与他人交往，建立良好的人际关系，但是她们做了很多努力，仍然没有所想要的结果。这究竟是怎么回事呢？20 几岁的女孩，除了要走出自我封闭的小圈子之外，还应当注意到以下几点：

1. 拥有积极的交际心态

交际，是你个人和同性或异性朋友共同的事，需要双方共同努力来完成。有的女性朋友，由于羞涩、自卑和矜持等心理原因，尽管也愿与他人保持交往，可是总采取保守被动的态度，不积极、不主动，外表冷若冰霜，妨碍了人与人的交际。女人应自信热情一点，大多数男性是愿意与你交往的，通过交际，你会拥有更多的支持者，如此对你的事业发展非常有益。

2. 记住一些特殊的日子

要跟交际网络中的所有人保持积极联系，准确地记住那些对自己的关系特别重要的日子，如对方的生日或周年庆祝等。每逢这些重要的日子，要打个电话给他们，至少给他们寄一张表达祝福的贺卡，这些小细节都是维系和巩固关系的粘合剂。

3. 迈好交际第一步

需要先选几个自己觉得能靠得住的人组成良好、稳固、有力的人际关系的核心。这样的人可以是自己的朋友、家庭成员和那些在你职业生涯中相互联系很紧密的人。他们构成你影响力的内在核心圈，主要原因是他们能让你发挥所长，而且彼此都真心期盼对方获得成功。在这里不存在任何勾心斗角的威胁，他们不会在背后说你的坏话，并且会发自内心全力为你着想，你跟他们的相处会真切、愉快而融洽，同时也能增强你交际的自信心。

4. 展现自己

与人交谈时要尽可能地向别人推销自己。初次与人相识，彼此都还不怎么了解，要在交谈中较为明确详细地介绍一下自己，比如自己正在从事的工作，你的特殊兴趣爱好，等等，如此更能引起对方对你产生好感。

5. 寻找机会，常在重要场合露面

寻找机会，参加一些重要的活动，多出席一些重要的场合。因为重要的场合经常会同时汇聚了自己的不少老朋友，借助这些机会你可以进一步加深与他们的关系，并彼此留下更深更好的印象，另外，你可能还会结识许多新朋友。因此对自己关系很重要的活动，不管是升职派对，或是朋友女儿的婚礼，都应尽量亲自到场。

6. 学会付出

当双方建立了稳固良好的关系时，彼此会激发出超强的能量。她们会极大激发你的想象力和创造力，使大家的灵感都不断涌现。你和他人交换苹果，你手里得到的依然只是一个苹果；你和他人交流彼此的思想，你会惊喜地获得两个思想。

第二节 20几岁女孩，漂亮不如会说话办事

在现实中，有很多看起来亭亭玉立、外在形象颇好的女孩，却不怎么受欢迎，身边也没有几个朋友，显得有些孤寂。缘何如此？因为她们虽有一个漂亮的外形，但不懂说话办事的艺术。聪明的女孩，也许没有姣好的容貌，但是人见人爱，就是因为她们会说话、会办事。

聪明女孩见什么人说什么话

有的女孩说话从来不看对象，在人前想说什么就说什么，结果不但不能顺利把事办好，而且得罪了不少人还不自知。聪明女孩注意见什么人说什么话，说话不看对象就达不到求人办事的目的，就不能顺利地把事情办好。

1. 根据对方的身份地位

有个叫许允的人在吏部做官，提拔了很多同乡人。魏明帝察觉之后，便派人去抓他。

他的妻子为了把这件事争辩过来，赶出来告诫他说："明主可以理夺，难以情求。"让他向皇帝申明道理，而不要寄希望于哀情求饶。因为，依皇帝的身份地位是不可能随便以情断事的，皇帝以国为大，以公为重，只有以理断事和以理说话，才能维护好国家利益和作为一国之主的身份地位。

于是，当魏明帝审讯许允的时候，许允直率地回答说："陛下规定的用人原则是'举尔拨右'，我的同乡我最了解，请陛下考察他们是否合格，如果不称职，臣愿处罚。"

魏明帝派人考察许允提拔的同乡，他们倒都很称职，于是将许允释放了，还赏了一套新衣服。

许允提拔同乡，根据是封建王朝制定的个人荐举制的任官制度。不管此举妥不妥当，它都合乎皇帝在其身份地位上所认可的"理"。许允的妻子深知跟九五之尊的皇帝打交道，难于求情，却可以"理"相争，于是叮嘱许允以"举尔所知"和用人称职之"理"，来抵消提拔同乡、结党营私之嫌。这可以说是善于根据说话对象的身份地位来选择说话方法的绝好例子了。

2. 根据对方的性格

求人说话，除了要考虑对方的身份以外，还要注意观察对方的性格。一般说来，一个人的性格特点往往通过自身的言谈举止、表情等流露出来，如：

那些快言快语、举止简洁、眼神锋利、情绪易冲动的人，往往是性格急躁的人；

那些直率热情、活泼好动、反应迅速、喜欢交往的人，往往是性格开朗的人；

那些表情细腻、眼神稳定、说话慢条斯理、举止注意分寸的人，往往是性格稳重的人；

那些安静、抑郁、不苟言笑，喜欢独处，不善交往的人，往往是性格孤僻的人；

那些口出狂言、自吹自擂、好为人师的人，往往是骄傲自负的人；

那些懂礼貌、讲信义，实事求是、心平气和、尊重别人的人，往往是谦虚谨慎的人。

对于这些不同性格的对话对象，一定要具体分析，区别对待。

《三国演义》中有这样一个例子：马超率兵攻打葭萌关的时候，诸葛亮对刘备说："只有张飞、赵云二位将军，方可对敌马超。"

这时，张飞听说马超前来攻关，主动请求出战。

诸葛亮佯装没听见，对刘备说："马超智勇双全，无人可敌，除非往荆州唤云长来，方能对敌。"

张飞说："军师为什么小瞧我！我曾单独抗拒曹操百万大军，难道还怕马超这个匹夫！"

诸葛亮说："你在当阳拒水桥，是因为曹操不知道虚实，若知虚实，你怎能安然无事？马超英勇无比，天下的人都知道，他渭桥六战，把曹操杀得割须弃袍，差一点丧命，绝非等闲之辈，就是云长来也未必战胜他。"

张飞说："我今天就去，如战胜不了马超，甘当军令！"

诸葛亮看"激将"法起了作用，便顺水推舟地说："既然你肯立军令状，便可以为先锋！"

在《三国演义》中，诸葛亮针对张飞脾气暴躁的性格，常常采用"激将法"来说服他。每当遇到重要战事，先说他担当不了此任，或说怕他贪杯酒后误事，激他立下军令状，增强他责任感和紧迫感，激发他的斗志和勇气，扫除轻敌思想。

我们在办事时虽然被求者的情况有种种不同，如对方的兴趣、爱好、长处、弱点、情绪、思想观点等，这些都是需要注意的内容，但身份与性格无论如何是很重要的“情况”，不得不优先注意。

因此，我们在求人办事之前，一定要对办事对象的情况做客观的了解。只有知己知彼，才能针对不同的对手，采取不同的会谈技巧。

3. 摸清对方的心理

通过对方无意中显示出来的态度及姿态，了解他的心理，有时能捕捉到比语言表露更真实、更微妙的思想。例如：

对方抱着胳膊，表示在思考问题；

抱着头，表明一筹莫展；

低头走路，步履沉重，说明他心灰气馁；

昂首挺胸，高声交谈，是自信的流露；

女性一言不发，揉搓手帕，说明她心中有话，却不知从何说起；

真正自信而有实力的人，反而会探身谦虚地听取别人讲话；

抖动双腿常常是内心不安、苦思对策的举动，若是轻微颤动，就可能是心情悠闲的表现。

当然，对请托对象的了解，不能停留在静观默察上，还应主动侦察，采用一定的侦察对策，去激发对方的情绪，才能够迅速准确地把握对方的思想脉络和动态，从而顺其思路进行引导，这样的会谈易于成功。

针对不同的办事对象谈话或请托应考虑以下几个方面：

性别差异。男性需要采取较强有力的劝说语言；女性则可以温和一些。

年龄差异。对年轻人应采用煽动的语言；对中年人应讲明利害，供他们斟酌；对老年人应以商量的口吻，尽量表示尊重的态度。

地域差异。生活在不同地域的人，所采用的劝说方式也应有所差别。如对我国北方人，可采用粗犷的态度；对南方人，则应细腻一些。

职业差异。要运用与对方所掌握的专业知识关联较紧密的语言与之交谈，对方对你的信任感就会大大增强。

性格差异。若对方性格豪爽，便可单刀直入；若对方性格迟缓，则要“慢工出细活”；若对方生性多疑，切忌处处表白，应不动声色，使其疑惑自消，等等。

文化程度差异。一般来说，对文化程度低的人所采用的方法应简单明确，多使用一些具体数字和例子；对于文化程度高的人，则可采用抽象说理方法。

兴趣爱好差异。凡是有兴趣爱好的人，当你谈起有关他的爱好这方面的事情时，对方都会兴致盎然。无形中对你也会产生好感，为你找人办事儿打下良好的基础。

4. 根据对方的情况

谈话的语言要视对方的修养而选择，做到能雅能俗，才不会有格格不入的反感。

托人办事还有重要的一条是不能犯忌，如果犯了所求对象的忌讳，恐怕该成的事也难办成了。

对性格外向、爱好交际的人，在办公室与他们谈话，一般不会有什么副作用，而对性格内向、胆小怕事、敏感多心的人则容易产生副作用。此时，就应当换个环境，在室外、院子里随便谈心，才容易达到说服的目的。

托人办事时只一味地谈自己的事，并不停地说"请你帮忙，请你帮忙"这类的话，会让人感到万分的嫌恶、不耐烦的。假如想把自己的请求向对方说明，就应该先摆出愿意听取对方讲话的姿态来，有倾听别人言谈的诚意，别人也才会愿意听你说话。

谈话的话题应该视对方的情形而定，再好的话题，若不能符合对方的需要，就无法引起对方的兴趣，最好是想办法引起彼此共同的话题来，才能聊得投机；然后再设法慢慢地把话题引导进自己所要谈论的范围里。

一个善于求人的人，一定很注重礼貌，用词考究，不会说出不合时宜的话，因为他知道不得体的言辞往往会伤害别人，即使事后想再弥补也来不及了。相反的，如果你的举止很稳重，态度很温和，言语中肯动听，双方自然就能谈得投机，求办的事自然也易办成。

5. 根据对方的层次

埋头做事者常常是事业心很强或对某事很感兴趣的人，一旦开始做事，便全身心投入，不愿再见他人。这种人往往惜时如金，爱时如命，铁面无情。要敲开这种人的门，首先不要怕碰"钉子"，还要有足够的耐性，并且要善于区分不同情况，或硬缠或软磨，直至达到目的。

毕加索之子小科劳德的母亲弗朗索瓦兹·古洛特十分爱好绘画，一人画室便不容有人打扰。一次她正在作画，儿子想让妈妈带他去玩，便敲响了门，可吉洛特已全身心投入绘画上，听到敲门声和儿子的喊声，只是回应了一声“嗳”，仍旧埋头作画。停了一会儿，门还没开，儿子又说：“妈妈，我爱你。”可得到的回应也只是：“我也爱你呀，我的宝贝儿。”门还是没开。儿子又说：“我喜欢你的画，妈妈。”

吉洛特高兴了，她答道：“谢谢！我的心肝，你真是个小天使。”可仍旧不去开门。儿子又说：“妈妈，你画得太美了。”吉洛特停下笔，但没有说话，也没有动。儿子又说：“妈妈，你画得比爸爸好。”

吉洛特的画当然不会比丈夫——绘画艺术大师毕加索画得更好，但儿子的话却句句说到了她的心里，她也从儿子那夸大的评价中感到了儿子的迫切心情，所以最终还是把门打开了。

自命清高者常常是洁身自好的墨客或仕途失意的文人，或者是那些自命不凡、看破红尘的人。这种人文化层次一般都较高，他们不愿与常人来往，却希望同有才华的人结交，因此要顺利地叩开这种人的大门，最有效的办法就是善于表现自己，设法展示出自己的才华，因其爱“才”便会自开家门。

年轻时的毛泽东去拜谒一位隐居山间的姓刘的老翰林，他先献上一首诗：:“翻山渡水之名郡，竹杖草履谒学尊。途见白云如晶海，沾衣晨露浸饿身。”诗的前两句写经过长途跋涉前来贵地拜谒学尊，第三句暗指刘氏能摆脱俗事纠缠，在山间过隐居生活，末句则写明了他目前遭受饥饿的现状，也暗示了前来拜谒的目的。

刘翰林一见信上的诗，对毛泽东的才气很是赞赏，不仅热情接待了他，还给了他不少纹银。毛泽东通过展示其才能顺利地达到了自己的目的。

再比如，一个文化层次较高的人到乡下或基层找普通农民或工人办事，就不应该装腔作势、满嘴文绉绉地高谈阔论，也不能以“文”交心，以诗会友，而应该放下文化架子，用老百姓容易接受的话进行沟通和交流，这样才能显得平易近人，与对方没有文化距离和心理距离。对方有了这样的感受，办起事情来彼此才不致产生障碍。

巧妙拒绝，聪明不伤感情

漂亮的女孩子经常有这样的经历：经常碰到一些叽叽喳喳、令人讨厌的异性，而且很难摆脱他们的纠缠。怎样才能使这些令人讨厌的异性早些离去，这需要有一定的言语技巧。一位衣冠楚楚的男士正对一位年轻貌美的女孩子进行“马路攻势”。

“喂，小姐，我请你看电影好吗?”

“不，谢谢你的邀请。”小姐答道。

“喂，小姐，”这位先生好像还不甘心，“你要搞明白呀，我可不是那种随随便便就邀请女孩子看电影的男人啊!”

“你要知道，我也不是那种随随便便就拒绝任何一位男士邀请的女孩子。”小姐以牙还牙道，说完，便飘然而去。

这位男士顿时侃兴大消，讪讪地走了。

20几岁女孩初涉之世，最难应付的事也许是如何说“不”了。但是这个漂亮的女孩子却能轻松地掌握说“不”的方式与技巧，从而让自己摆脱掉异性的纠缠。

在现实生活中，女孩很难直截了当地说出拒绝的话，因为拒绝的原因，可能是她的条件有限，可能是她要维护自己的利益，可能是她不得不兼顾第三者的利益，或者是对方的要求不合情理。但是，纵使理由有千条万条，由拒绝所引起的对方的心理抗拒以及由此产生的消极情感的后果也是不可避免的。所以，在你拒绝别人的时候，你还是要选择一定的方式、技巧，从而留给对方一个好的印象。

那么，20几岁的女孩采用什么样的方式会有助于达到这样的效果呢?不妨看看下面的几招：

1. 偷梁换柱

对方提出甲事情，我则换用乙事情去应付，从而巧妙地拒绝对方。一位钟表推销员，曾挨家挨户推销闹钟，他叩开了一位主人家的门，说：“先生，您应该有个闹钟，每天早晨好叫你起床。”主人回答说：“我看不要买闹钟，有我妻子在身边就足够了，你大概不知道，她能到时就‘闹’。”这位主人的拒绝，既幽默风趣，又非常委婉，令推销商再也不忍心开口。

2. 自言自语

有人总结出了一条拒绝他人要求的经验：人们碍于面子，推拒话不好正面说出口，如果装作自言自语说出心中所思所想，对方便会知趣而退。某大商场收到一长期合作的供应商的样品，质量虽很过关，款式却很过时，收下这批货，商店会亏本，不收下吧，供应商又是老客户了，怎么办呢？

当天傍晚，商店经理方春请供应商共进晚餐，二人一边对饮，一边望着窗外衣着时尚，袅袅而行的丽人款款走过，方春自言自语道："现在的女孩子，对衣着越来越讲究了，不但要质地好，而且要款式新潮，看那件印花镂空的连衣裙，既典雅又大方，一股时尚气息扑面而来……"听到这儿，供销商抓住方春的手大叫："多谢你的启示，我马上叫设计师修改花型，原来那批货我全部拿回。"如果经理直接回绝供销商，可能会由此失去一个多年的合作伙伴，而她利用自言自语的方法，流露出内心思想，既使对方自己放弃，又不伤和气。

3. 先扬后抑

开门见山，直截了当式的拒绝，犹如当头一盆冷水，使人难堪，先扬后抑，是一种避免正面表述，间接地主动出击的技巧。即首先进行诱导，当对方进入角色时，然后话锋一转，制造出"意外"的效果，让对方自动放弃过分的要求。

有一位歌迷求一位当红女歌星给她一张演唱会的票，歌星手中也没有票，又不愿给演唱举办者增添麻烦，当然不想答应她的要求。但是，她没有直接拒绝，因为直接拒绝攻击性太强，因此，她采用先扬后抑的方法，她平静地答道："遗憾得很，我手上一张票也没有。不过，在大厅里我有一个位置，如果您高兴……"歌迷非常兴奋地问道："那么，这个位置在哪里？"歌星答道："不难找——就在麦克风前。"

4. 攻心法

了解对方的特性和目的，试探对方的心理，然后发动心理攻势，让对方高兴，或反激对方自负等方法，使对方自我否定，放弃不合理的请求，拒人于无形之中。

田园与马虹是少时同窗，二人很是喜欢古代清官的故事，如海瑞、包公的故事几乎能倒背如流。一天，田园的小姑子涉嫌犯罪被收审，这桩案子恰好落在她昔日好友马虹的手中。一个晚上，田园前往法官马虹家，希望她能念同窗情谊，将手腕往她小姑子这边扳一扳。法官左右为难，一不能枉用三尺，二又不能得罪同窗。她说："田园，我真怀念我们少年时意气风发的样子，特别喜欢你背诵'包公铡美'一段。"田园也很高兴，二人沉浸在过去的回忆之中。马虹感慨地说："记得我们当年立下誓言，以后谁做了法官，不要做'糊涂官'，判'糊涂案'，我一直以此作为自己的座右铭呢。"田园本已设计好了一大套说词，但听了马虹这一席话，再也不好意思开口了。

多用一些文明礼貌语言

毫不夸张地说，说话分寸是语言的最高艺术，是用语言表达思想感情的一种巧妙的形式。聪明的女人之所以拥有好的人缘，就在于她们能把握说话分寸，从来不勉强别人与自己有相同的观点和相同的喜怒哀乐，并且善用有分寸的语言，准确、贴切、生动地表达出自己的思想感情。

会说话的女孩，懂得尊重他人，能够顾及大局，或礼遇谦让，或据理力争，都能给人留下深刻的印象，也能够赢得他人的佩服和尊重。

会说话的女孩，在日常的场合里不喜欢咄咄逼人，遇见朋友为一些事情苦恼的时候，她们更喜欢循循善诱，让朋友把所有的苦水都倒出来，然后给予善解人意的劝慰。

会说话的女孩，善于调整自己说话的语调，她们不会向一架冷冰冰的机器那样，发出没有丝毫感情温度的声音；她们也不会不分场合地嗲声嗲气，让人鸡皮疙瘩落满地；她们更不会对任何人都冷嘲热讽，令人见之生厌。

高菲是一个漂亮的女孩，性格开朗活泼，说话直来直去，好像从来不经过大脑思考，无论打电话、聊天，说话总如夹枪带棍的。好心的室友多次提示她，说话要温柔，三思而后言，要像个淑女，可她总也改不了自己的说话习惯。

毕业那年，高菲认识了一个阿琪的男生，刚开始交往时，她很注意自己的说话方式，所以两个人说话非常投机。没多久，高菲就把室友建议她说话要三思、要柔和的忠告丢到太平洋里去了。她的说话方式，有时令阿琪的处境十分尴尬，弄得喜欢她的阿琪很难把爱字说出口。

毕业的日子如约而至，阿琪希望能把握这最后一次机会。他约了高菲出来玩，并对她说："有一家南方的公司希望我能过去，待遇也不错，你看我是留在这个城市好，还是到那去呢？"高菲看了他一眼，想都没想说："我又不是你爹你妈，哪有资格管你的事，再说，我劝你留下了，一旦你挣得没有那里多，我还不得背上骂名！"

"可是，我……"还没等阿琪说出后半句"喜欢你"，她就打断了他的话："什么'可是'不'可是'的，这里有什么好的。"接着她就教训起阿琪，让阿琪无法再开口。

当阿琪南去的火车开动时，高菲落泪了，一份美好的爱情因为她直言直语、说话不思考而离她远去了。

俗话说："说出的话，泼出的水。"话不管好坏，一旦说出口就收不回来，因此，做个聪明的受人欢迎的女人，说话时一定要三思而后出口。那么，怎样才能做到这一点呢？女人应该注意以下几方面：

1. 在与人交谈的时候，注意交谈的距离是十分重要的。距离过远或过近都会有失礼貌。距离过远，会使交谈者误认为你不愿意与之接近，嫌恶他；距离过近，稍有不慎就会把口水溅到别人脸上，把口中或身上的异味传给别人，令人生厌。如果对方是异性，还会使之戒备，甚至被误会。

2. 当与别人讲话时，你的一举一动都能显示出你的教养。抖动腿脚或许能消除紧张情绪，却是一种很不礼貌的举止。它会使人感到你是一个缺乏自信的人，而且抖动腿脚还会带动坐椅一起抖动，影响他人。

3. 在交谈中不自觉地挠头摸脑也是一种不雅的行为。这种不自然的动作既不卫生又显出你过于拘束或怯场。它能造成他人对你的轻视，认为你缺乏社交经验，不懂礼貌或不善言谈。

4. 交谈内容不要涉及疾病、死亡等不愉快的事情，也不要谈荒诞离奇、骇人听闻、黄色淫秽的事情，应谈一些健康的、有益活跃气氛、有利于相互沟通的事情。如果谈话中发现接触到对方反感的问题应表示歉意，换一个新话题。

虽说良好的说话风度往往具有很大的吸引力，但是同时要注意，不要为了风度而风度，这样会反而显得矫揉造作或搔首弄姿，给人留下一个不好的印象。

聪明女孩有话不直说

生活中，并不是每句话都必须直说的，聪明的女孩善于以暗示代直言，同样可以收到预期的效果。

暗示是人际交往的一种特殊方式，指的是暗示者出于一定的目的，采用一定的方法，含蓄、巧妙地向对方发出某种信息，以此来影响对方的心理，使其不自觉地接受一定的意见、信念，或改变其行动。

暗示的方法有：

1. 以故事暗示

一次，一领导为了加强机关干部管理，在工作考勤等方面做了一系列规定，决定由曾在企业担任过多年负责人、不久前到机关做传达工作的一位老同志负责考勤登记。这位老同志认为这工作易得罪人，不愿意干，说自己过去就是因为办事太认真，得罪了不少人，正在吸取“教训”。

听了他的话，领导委婉地讲了一个故事：某电影导演，为拍一部片子四处寻找合适的演员。一天，发现了一个合适人选，便通知他准备试镜头。这个人十分高兴，理了发，换上新衣，对镜子左照右照，总感到自己两颗“犬牙”式的牙齿不好看，于是到医院把牙齿拔掉了。后来，他兴致勃勃地去报到，导演见到他，失望地说：“对不起，你身上最珍贵的东西被你自己当缺陷给毁了，影片已经不需要你了。”

故事讲完后，这位老同志懂得了“坚持原则，办事认真”正是自己最珍贵的，他愉快地接受了任务。

2. 以笑话暗示

一次，几位老同志反映机关晚上不安静，楼上的小青年不注意，老同志在楼下睡不好。这属于两代人的生活习惯问题，如果把这个问题在会上讲，就会使老同志和青年人之间产生鸿沟。

党委书记和小青年闲谈时，讲了一则笑话进行暗示：有个老头晚上很难入睡，恰好楼上住了一个经常上晚班的小伙子。小伙子每天下班回家，双脚一甩，鞋子“噔噔”两下，重重地落在地板上，每次都将好不容易才入睡的老头惊醒。老头提了意见。当晚小青年下班回来，又照例先甩下第一只鞋，而后猛然想起老头的意见，就轻轻脱下第二只鞋。第二天一早，老头埋怨小伙说：“你一次将两只鞋甩下，我还可以重新入睡，你留下一只不甩，害得我等你甩第二只鞋等了一夜。”

笑话说完，小伙子们悟出了笑话是有所指的。

3. 岔题暗示

请看一段话：

甲：老何这个人什么都好，就是有点好大喜功。

乙：昨晚播了《红楼梦》第一集，你看了吗？

甲：没有。你知道吗？向市里上报的材料，尽说好话，把老何捧上了天。

乙：唉，你不看真可惜，看了就能知道跟电影相比到底哪个拍得好。

不难看出，乙一再岔题，是为了向甲做出暗示：他不愿意背后随便议论别人。如果甲尚知趣，说话至此，也该停止对老何的飞短流长了。

4. 诙谐暗示

这是以幽默的语言或随意说笑的方式向被暗示者传递信息。

南唐时，税收繁重，民不聊生。时逢京师大旱，烈祖询问群臣：“外地都下了雨，为什么京城不下？”大臣申渐高决定利用这个机会进谏，便诙谐地答道：“因为雨怕抽税，所以不敢入京城。”烈祖天性比较豁达，听罢大笑，决定减轻税收。借助一句笑话来暗示，竟然为百姓做了一件好事。

不说过头话，不做出格事

聪明的女孩即便自己在事业上取得了一定的成绩，或者有了一些特殊的优势，都不会傲气十足，牛气冲天，自以为高人一等，处处唱高调，时时摆身份的。她们更不会因此想怎么说就怎么说，只图自己痛快。因为她们知道，像这种不顾别人感受的做法，不仅仅会严重地影响到自己的人际交往，同样会因此而殃及已身。

在某所大学内，同住一个宿舍的两名大学生，一个家长是一家公司的经理，他也跟着养成了说一不二、言必压人一头的脾气，另一个性格内向，自尊心很强，家长只是个一般的工人。当这个性格内向、自尊心很强的同学不幸患上了轻度的肺结核时，同学们都积极地关心他、照顾他，而那个高傲的同学却扬言要把他撵出这个宿舍，以免传染。这话严重伤害了患病同学的自尊心。

后来，他们又因晚上睡觉熄灯问题发生争吵，那位高傲的同学本来没理，却蛮横地叫喊："你得给我跪下求饶，否则，你在这寝室住一天，我就欺负你一天！"骂完后，他没事一般地去休息了。那位性格内向的同学，被劝到别的寝室住了一宿。古人说："刀疮易受，恶语难消。"这位被骂的同学再也忍不下去了，他从别处借了一把锤子，在一天深夜，趁那位出口伤人的同学熟睡之际，用锤子向他头部猛击十多下，将他打死，自己也被法律判处了死刑。两个不满二十岁、入学不到一年的大学生，就这样结束了年轻的生命。

是什么害了他们呢？就是盛气凌人的言辞，当然也还有不成熟的性格。这教训不是很惨痛吗？

社会上总是有些人，说话做事不注意三思而后行，喜欢说大话，摆架子，要威风，神气十足，到头来只能淹没在别人鄙夷的目光中。他们显达也罢，落魄也罢，都可能要比别人经历更多的挫折，承受更多的不幸。

古今中外，大凡有高深修养的人士无不如此，当成就了事业之后，更从言行上严格要求自己，三思而行，不感情用事。

据说李世民当了皇帝后，长孙氏被册封为皇后。当了皇后，地位变了，她的考虑更多了。她深知作为“国母”，其行为举止对皇上的影响相当大。因此，她处处注意约束自己，处处做嫔妃们的典范，从不把事情做过头。她不尚奢侈，吃穿用度，除了宫中按例发放的，不再有什么要求。她的儿子承乾被立为太子，有好几次，太子的乳母向她反映，东宫供应的东西太少，不够用，希望能增加一些。她从不把资财任情挥霍，从不搞特殊化，对东宫的要求坚决不答应。她说：“做太子最发愁的是德不立、名不扬，哪能光想着宫中缺什么东西呢?”她不干预朝中政事，尤其害怕她的亲戚以她的名义结成团伙，威胁李唐王朝的安全。李世民很敬重她，朝中赏罚大臣的事常跟她商量，但她从不表态，从不把自己看得特别重要。皇上要委她哥哥以重任，她坚决不同意。李世民不听，让长孙皇后的哥哥长孙无忌做了左武大将军、吏部尚书、右仆射，皇后派人做哥哥工作，让他上书辞职。李世民不得已，便答应授长孙无忌为开府仪同三司，皇后这才放了心。此后的朝政官任中，长孙无忌也经常受到皇后的教导，成为一代忠良。

第三节　20几岁女孩不可不知的沟通技巧

一个女孩倘若拥有全天下最美丽的容貌，却脾气暴躁、唠叨、话语尖刻，那么，她的美丽容貌便约等于零。20几岁的女孩，要想拥有好人缘，与人和谐地交往，就必须知晓一定的沟通技巧，并且将它灵活地运用到实践中。

职场语言沟通技巧

沟通一般是用语言来完成的，所以，沟通中的语言技巧是非常重要的。通过交谈，你可以发现别人的优点，觉察自己的不足，或者是发现自己魅力的火花。

很多女人会问："已经认识到了语言表达的重要性，那么，怎样才能正确地使用语言，建立起融洽的人际关系呢?"因此，需要介绍一些建立融洽人际关系的语言表达秘诀。

首先要恰到好处地使用文明用语。文明用语有"谢谢"、"不用谢"、"对不起"、"没关系"等。这些文明用语可以向别人表达感激的心情或歉意，沟通人与人的心灵，建立融洽的人际关系。在得到别人的帮助时，能真诚地说一声"谢谢"，只把感激之情埋在心底，对方会有一种不快的感觉，认为你不懂礼貌，今后也不会再帮助你。同样，在打搅别人，给别人添麻烦时能真诚地说一声"对不起"，对方的气就会消减大半。恰当地使用文明用语是建立融洽人际关系的第一秘诀。

其次，多用"添加语言"也是非常重要的一个秘诀。"添加语言"有"实在对不起"、"真是不好意思"、"打搅您一下"、"麻烦您一下"等。

"对不起，您能不能给我点儿时间"、"我想麻烦您一下，请看一看这个计划"等，这样把添加语言添加进去，后面语句的语气就会变得委婉些。

"添加语言"还可以在某种程度上说明一事情的状况。比如"方方在吗"，如果你回答："实在对不起……"对方也可以立即推知她不在这一事实情况了。

"添加语言"又称"缓冲语言"，如果多用这类"缓冲语言"，人际关系自然会变得融洽、和谐。

交谈方法和语言表达是紧紧联系在一起的，注意听别人的谈话是建立良好人际关系的秘诀。

人们的交谈是按一定的顺序进行的，不是想说什么就说什么，想什么时候说就什么时候说的。交谈时，说者和听者双方互相配合才能使谈话顺利地进行下去。

几个人在一起交谈时，有人光是说有关自己的话题，不能很好地听别人谈话，不仅如此，而且总是打断别人的谈话。这样的谈话是“我……我……”的类型，这样的人谈起话来总是围绕着自己的生活，开始人们也许还会有兴趣听，时间长了便失去了兴趣，开始畏惧你喋喋不休的“我……”了，甚至会躲着你，而最终你也会从人际关系圈中被排挤出来。

过分的坦白直率和少根筋差不多，任何一个成熟的白领都不会这样“直率”的。

在办公室里与同事们交往离不开语言，但是你会不会说话呢？俗话说“一句话说得让人跳，一句话说得让人笑”，同样的目的，但表达方式不同，造成的后果也大不一样。在办公室说话要注意哪些事项呢？

1. 不要跟在别人身后人云亦云

老板赏识那些有自己头脑和主见的职员，如果你经常只是人云亦云的话，那么你在办公室里很容易就被忽视了，你在办公室里的地位也不会很高。有自己的头脑，不管你在公司的职位如何，你都应该发出自己的声音，应该敢于说出自己的想法。

2. 办公室里有话好好说，切忌把与人交谈当成辩论比赛

在办公室里与人相处要友善，说话态度要和气，要让人觉得有亲切感，即使是有了一定的级别，也不能用命令的口吻与别人说话。说话时，更不能用手指着对方，这样会让人觉得没有礼貌，让人有受到侮辱的感觉。虽然有时候，大家的意见不能够统一，但是有意见可以保留，对于那些原则性并不很强的问题，有没有必要争得你死我活呢？的确，有些人的口才很好，如果你要发挥自己的辩才的话，可以用在与客户的谈判上。如果一味好辩逞强，会让同事们敬而远之，久而久之，你不知不觉就成了不受欢迎的人。

3. 不要在办公室里当众炫耀自己

如果自己的专业技术很过硬，如果你是办公室里的红人，如果老板非常赏识你，这些就能够成为你炫耀的资本了吗？骄傲使人落后，谦虚使人进步。再有能耐，在职场生涯中也应该小心谨慎，强中更有强中手，倘若哪天来了个更加能干的员工，那你一定马上成为别人的笑料。倘若哪天老

板额外给了你一笔奖金，你就更不能在办公室里炫耀了，别人在一边恭喜你的同时，一边也在嫉恨你呢！

4. 办公室是工作的地方，不是互诉心事的场所

我们身边总有这样一些人，特别爱侃，性子又特别直，喜欢向别人倾吐苦水。虽然这样的交谈能够很快拉近人与人之间的距离，使你们之间变得友善、亲切起来，但心理学家调查研究后发现，事实上，只有1%的人能够严守秘密。所以，当你的生活出现个人危机，如失恋、婚变之类，最好还是不要在办公室里随便找人倾诉；当你的工作出现危机，如工作上不顺利，对老板、同事有意见有看法，你更不应该在办公室里向人袒露胸襟。任何一个成熟的白领都不会这样“直率”的。自己的生活或工作有了问题，应该尽量避免在工作的场所里议论，不妨找几个知心朋友下班以后再找个地方好好聊。

说话要分场合、要看“人头”、要有分寸，最关键的是要得体。不卑不亢的说话态度，优雅的肢体语言，活泼俏皮的幽默语言……这些都属于语言的艺术。当然，拥有一份自信更为重要，懂得语言的艺术，恰恰能够帮助你更加自信。娴熟地使用这些语言艺术，你的职场生涯会更成功！

赞美是沟通的桥梁

每个人都渴望得到别人和社会的肯定和认可，我们在付出了必要劳动和热情之后，都期待着别人的赞许。那么，把自己需要的东西，首先慷慨地奉献给别人，体现的将是我们的大方和成熟。

有人说：“对人表示赞美，是撒向心灵的阳光雨露。”赞美别人，其实是对别人的尊重和评价，也是送给别人的最好礼物和报酬，是搞好人际关系的一笔暂时看不到利润的投资。它表达的是我们的一片善心和好意，传递的是你的信任和情感，化解的是你有意无意间与人形成的隔阂和摩擦。对人表示赞许，何乐而不为呢？

赞美不是拍马屁，不是阿谀奉承。用现代交际的眼光看，阿谀奉承是一种卑鄙的行为，有不良的或恶劣的影响。那么，如何把握赞美与奉承的

微妙之处呢？赞美是建立在客观事实的基础上，而奉承则不需要这种基础，只要捡他人喜欢的话来说。赞美在人际交往中扮演着相当重要的角色，尤其是在下属和上司的交往中，它是必不可少的。

1. 它是上司与下属交往中的缓冲器。赞美可以使双方的冲突缓和消除，乃至感情更为亲切。如果上下之间的关系曾因争执而闹僵，凭着适度的赞美便有可能解冻。

2. 它是下属对上司的一种激励。激励，不仅仅指上司对下属，下属也可以用于上司。人人需要激励，人人可用激励，如果下属能够对上司的成就适时赞美，则必能满足他的成就感而倍加激发他的兴业志向。

3. 它是上下级中一种最惠而不贵的口惠。适当的时候和场合对上司赞美可以赢得他的信任和好感。

生活中，赞美的价值更是不能低估的，赞美至少有以下三个方面的意义：

1. 赞扬的过程是一个沟通的过程

一位学者在一所高等学府就职，这人深沉不露，严肃认真。其妻在实验室工作，经常与机器和数据打交道，也难免谨慎和刻板。然而不久前朋友们却发现其妻年轻了许多，不仅待人热情洋溢，穿戴打扮也焕然一新，遇到开心的事，笑声爽朗，很是动人。众人很纳闷，她怎么像换了个人似的？询问这位学者，才知道她近来换了一个工作环境，那里年轻人多，气氛融洽，顶头上司又是一个充满活力、非常会说笑话的人，总是赞赏她工作的认真和负责，不失时机地给予她应有的鼓励和赞美。她也感觉到自己好像突然生活在另外的世界里，阳光灿烂，空气清新，连精神面貌都充满了一股子朝气。

这个人的经历说明，赞扬不仅能改善人际关系，而且能改变一个人的精神面貌和情感世界。赞扬的过程，是一个沟通的过程。通过赞扬，你得到了对方的欣赏和尊重，自己享受了自尊、成功和愉快，你的精神面貌还能不如芝麻开花，充满盎然的生机吗？

2. 赞扬能鼓励人向上和自强

马斯洛的层次理论认为，自尊和自我实现是一个人较高层次的需求，它一般表现为荣誉感和成就感。而荣誉和成就的取得，还须得到社会的认可。而赞扬的作用，就是把他人需要的荣誉感和成就感拱手相送到对方手里。当对方的行为得到你真心实意的赞许时，他看到的是别人对自己努力的认同和肯定，从而使自己渴望别人赞许的动机在荣誉感和成就感接踵而来时得到满足，从而在心理上得到强化和鼓舞，养精蓄锐，更有力地发挥自身的主观能动性，向着自己的目标冲击。

3. 赞扬别人，也能激励自己

现实生活中，一个善于发现别人长处，善于赞扬别人优点的人，绝不是单方面的给予和付出。不知你是否也有这方面的体验，赞扬别人，往往也会激励自己。别人的精神会感染我，别人的榜样会带动我，人家行，我何以不行呢？

既然赞扬是人际交往的润滑剂，我们就要在和周围人相处的过程中，毫不吝啬地赞扬别人，使赞许动机获得广大而神奇的效用。

倾听提高沟通的效果

沟通多半是在两人间发生的。两个人对话，一般都包含两个方面，即听和说。听和说之间互相促进，共同构成对话的整体。

很多人都说女人的思考一半来自耳朵。在“说”与“听”二者之间，哪一方对维持对话具有更重要的意义呢？尽管“说”者占主动，但在某种意义上说是“听”者。因为“听”可以增加对对方的了解，明白对方的要求和意图，从而决定你应该向对方怎么说、说什么等一系列“说”的行为。

但是，我们周围许多人在与别人交谈时往往缺少“听”的功夫。他们根本顾不上听别人说了些什么，有时又急急忙忙打断别人的谈话，或者心不在焉地听别人谈话，有的人甚至断章取义，把别人的话掐头去尾，还有的滔滔不绝自顾自地说……

你也许有这样的感觉：当你同别人谈话时，如果别人将头扭向一边，做出一副爱理不理、漫不经心的样子，那么你谈话的兴致会大减：“看她这副样子，好像不大想跟我谈话。算了，不浪费时间！”有的时候对方在你说话时也附和着说两句“是吗”、“噢”、“是这样”、“原来如此”之类的话，但他那闪烁不定的神色好像在提醒你："别浪费口舌了，我根本没听你在谈什么。"于是，好好的兴致被破坏了，一场谈话也只有半途而废。

相反，如果你面对的听众对你的话聚精会神，侧耳聆听，你的心情一定会大不一样，你谈话的兴致也会大大增加，你心里一定会说："噢！瞧，好像她对我说的东西挺感兴趣的。"并且，如果对方边听边点头，并不断地说"嗯、嗯"之声，那么你一定会谈兴大增，同时你对自己会产生更大的信心，话题也会源源不断地涌出，思路也变得清晰流畅。或许，这场谈话会继续好一段时间呢。

显然，出现这些结果，都是由于善于倾听的人在无形中起到了鼓励对方的作用。如果你在交际场所想要建立良好的人际关系，那么专注认真地倾听别人谈话，向对方表示你的友善和兴趣，将会对你有极大的帮助。

在倾听的过程中，你如果能耐心地听对方说话，这就等于向对方表示了你的兴趣，等于说是告诉对方"你说的东西很有价值"，或"你很值得我结交"。无形中，你让说者的自尊得到了满足，使他感到了他说话的价值。进一步说，说者对听者的感情就会发生一个飞跃，"他能理解我"，"我终于找到了一个倾诉的对象"，于是，二人心灵的距离缩短了，交流使两人成了好朋友。

如何做一个听话能手，在交际场合中大展魅力呢？

当然，认真听是最重要的。认真而仔细地倾听对方谈话，是尊重对方的前提，有了前提才会有真诚的交流。接下来，友好而热情地对待对方并且不时给对方以鼓励，也是尊重对方的重要内容。

要想成为一个听话能手，还要具有良好的听话习惯，注意礼貌是在听人说话时必须具备的。听话要专心致志，要用眼光！和说话者交流，并呼应对方的讲话，表情姿势都要适合当时的客观环境。切忌眼光飘忽不定，不要显出不耐烦的样子，也不要在听时做其他事情。如果别人正在讲话，请不要轻易打断，也不要轻易接过别人的话头妄下结论。如果你确实没有听清，方可打断别人，询问时要显得有礼貌。

要想会听，除了热情礼貌外，还要学习一些听的方法，每一个要想在这方面尽量达到完善的人在平时都要注意适当的训练。

不要陷进是是非非

俗话说："三个女人一台戏。"许多时候，人们总有这样的感觉，女人多的地方，似乎是非总是特别多，爱闹别扭的、要小心眼儿的也比比皆是，整天张家长、李家短传播是非的更是大有人在。难道女人圈就必定是一个是非圈吗？

要想当一个有魅力的女性，千万要注意不可陷进各种是非当中去。那么，怎样才能摆脱是非的侵扰呢？有的人天生就喜欢挑起是非和争端，你不见得能把这些女人从你身边剔除出去，也不见得总能避开她们，但是你总是可以有办法尽可能避免让这些人把你的生活搞糟，并尽量建立起正确的行为指导。在你不得不与是非多的女人打交道时，不妨采用以下一些方法试试：

1. 适当地对对方的看法、立场、挫折和困境表示理解

有的女人喜欢挑起是非，目的只不过是引起别人的注意。即使你只是假装对其表示同情，也可以满足其部分心理需求，这有助于你成功地摆脱对方。

2. 鼓励对方讲话，并且适当问一些有助于澄清其观点的问题

有些时候，一味地躲闪也不是办法。很多怀有敌意的是非之所以升级，就是因为一方试图阻止另一方讲话。理总是越辩越明，是是非非也是可以讲清楚的。你可以提出有助于澄清事实的问题，让对方解释清楚。对方在阐明自己的观点上花费的精力越多，剩下来挑拨是非的精力就会越少。

3. 镇定自若

假如听到有人在传播你的是是非非，或对你进行恶意中伤，你以自信而沉着的身体语言，再辅以清晰而不含敌意的注视，在此时此刻这些比任何语言都有用。你所发出的身体和视觉信号，足以让对方明白，你不会被任何夸张和不实之词所吓倒。当然，此时语言的表达也是重要的。

4. 坚决退出

你可以为自己设立一些理性的限制，一旦对方有什么出格的言行，你不必继续忍耐下去，而应该平静地向对方指出来。如果对方拒不改正不恰当的言行，你就说到做到，坚决退出谈话。这个办法很简单，却很有效。

5. 有了误会要及时沟通，解释清楚

每个人都只能根据自己的判断和理解去体会别人的意思，因此一旦有了误会或出现了问题，就要及时与有关的人员进行沟通，该问的问题要问清楚，该说的事情也要说明白，否则双方的误会被不断地放大、不断地传播，误会也就越来越深，发展下去很可能走到极端，以致双方反目成仇，这样的结局肯定不会是你所希望的。

6. 与人相处时要有一个度

一方面，凡事只要自己能办到的，就不要把自己的责任转嫁给别人，没有人愿意替别人承担所有的责任或背负沉重的负担；另一方面，不可热心过度，总想包办对方的一切，使对方有一种被压迫感，结果只能是好心没好报，因为没有人愿意让别人的意志取代自己的意志。即使是亲如姐妹的好朋友，大家相互之间也必须留有一定的距离。

7. 互相尊重对方的隐私

首先是不主动探求对方的隐私。另外也要尊重自己的隐私，不要随便在别人面前谈起，因为这样的举动有点儿逼迫其他人与你一起透露隐私的意味在里面，这是不合适的。如果你不知道自己要讲的话题是不是对方的隐私，自己对这个话题又非常感兴趣，那就可以巧妙地想办法试探一下；如果属于对方的隐私，那么就此打住；如果不是对方的隐私，话题就可以开始了。

8. 遵守公平原则

公平是世界上最基本的原则之一，与人相处也必须遵循公平的原则。天下没有白吃的午餐。在交往的过程中，你会对自己的付出有一个总体的估价，对从他人那里获得的种种好处也有一个完整的考虑，然后将二者进行比较。如果你认为心理平衡，其他人也觉得满意，那么大家可以顺利地相处下去；否则，大家心里都会犯嘀咕，那就不好了。

9. 金钱往来要慎重

物质利益在人们的生活中有着极大的影响，双方交往时，一旦涉及金钱的事情，一定要说明白，公事公办。首先，你要客观地评估一下这种金钱往来会给自己的生活带来什么影响，然后再去考虑是否同意这种往来。千万不要拿自己的钱去冒险，也不要轻易去借别人的钱，以免引起各种不必要的纠纷。

10. 与异性朋友交往要慎重

异性朋友可能会成为很谈得来的朋友，但一定要注意保持一定的距离，不可交往过密，更不可影响对方的生活。尤其是婚后，与异性朋友交往的事情不应向丈夫隐瞒，可以介绍双方认识，以避免引起误会，影响夫妻感情。最重要的是，与异性朋友交往时要落落大方，既不要引起对方生非分之想，也避免旁人产生错觉引起闲话。

用幽默处理微妙的事

有一位年轻女孩在她的订婚宴上，希望给未婚夫的亲戚们留下个好印象。她微笑着进来，不料绊倒一座灯，灯弄翻了小桌子，她就正好踉跄跌在小桌子上，摔了个四脚朝天。

她立刻跳了起来，站直了说："瞧！我也能表演杂技！"

她不仅使尴尬的场面一下子扭转过来，而且，也如愿以偿地给人留下了好印象。她能笑自己并借此消除他人的紧张，表现出充满信心的自我形象。以幽默来对待自己，的确比小题大做要好得多。

当遇到棘手的事情，聪明的女孩会利用幽默来化解尴尬，微妙地处理事情。不仅如此，幽默也是上天赐予女人的美丽法宝。一个说话处处流露出幽默感的女人是可爱的，不懂幽默的女人，就像绿叶缺少红花一样没有情致。

露西每天早上都想多睡一会儿，所以经常迟到，为此上司不知道厉声警告她多少次了。最后一次，上司还盯着她的眼睛说："露西！要是你下次再迟到，你就自己收拾东西，不用我多说了！"

一连好几天，露西都起得很早，但是这天却不巧遇到了交通堵塞。"轮胎漏气"、"闹钟坏了"、"孩子生病了"……这些理由也太不新鲜了，而且这些老一套已经不管用了，上司大概已经为解聘准备好了托词，或者说是自己造成了这一切。

等到露西到了办公室的时候，里面悄然无声，每个人都埋头干活。

一个同事冲她使个脸色，示意老板生气了。果然，老板一脸严肃地朝她走了过来。

露西突然满面微笑地握住上司的手说：“你好！我是露西，我是来这里应聘工作的！我知道35分钟之前这里有一个空缺，我想我应该是最早来应聘的吧，希望我能捷足先登！”说完，露西一脸自责又充满希望地看了看上司。

办公室的同事都哄堂大笑起来，上司也忍不住笑出声来：“快点工作吧！”说完快步走出办公室，兀自大笑了起来。露西保住了自己的工作。

在古人眼里，女人何时何地都该是“笑不露齿”、“碎步旋摇”的，这样才是淑女，才是优雅的女人。而妙语如珠、哈哈大笑的形象，是无法与美丽的女子联系起来的。在快节奏的现代社会里，捧心蹙眉、流泪葬花的女人是病态的，更不要谈淑女了。

一个说话流露出幽默的女孩是惹人爱的，她诙谐的谈吐、可爱的表情，会让每一个与之交谈的人都开心、愉快，更会给众人留下极深刻的印象。这样的女孩必然会在众人之中脱颖而出。

当近代才女林徽音放弃徐志摩，跟梁思成结婚之后，梁思成问林徽音：“你为什么选择了我？”

林徽音笑笑，淡淡地说了一句话：“看样子，我要用一生来回答你的这个问题。”

这一句话，让人们再三咀嚼之余，不由得深深感慨于这一代才女的才智与幽默，也展示了幽默女人的迷人之处，她像一部生活保健书，每一句精辟言论都深藏着让人笑颜逐开的理由。

显然，这样的女人才是真女人，才是让人动心、怜爱、喜欢的女人，才会真正得到丈夫的宠爱、朋友的欢迎、同事的亲近……

幽默的女孩是智慧的，是兼具才气与灵气的。因为幽默必须以一定的文化底蕴为基础，没有“喝”过墨水的人是学不会幽默的，但喝墨水虽多，没有灵气也是不行。

幽默的女孩是乐观的，当她身处险境之时，并不会因此沉沦丧志，却总能开朗豁达、从容不迫，笑对人生，从而领略到人生的别样风景。

幽默的女孩是可爱的，她总是能适时地在一汪清水之中激起点点涟漪，使得平日里琐碎的生活增添几分韵味与情趣。

幽默的女孩是宽容的，即使别人怒发冲冠，指到自己的鼻尖，她们也能不紧不慢，一笑而过。

第三章

聪明的女孩，从 20 几岁开始投资幸福

这是一个依靠能力资本生存的时代。20 几岁的女孩应该明白这一点，并且应当在 20 几岁时开始投资，为自己的将来积蓄资本。这种投资，便是如何让自己更为成熟、更加充满智慧，从而获得开创自己未来的能力资本。

第一节　博览群书，积蓄自我的知识资本

有内涵的女孩才是真正有魅力的女孩，富有知性的女孩最美丽，聪明的女孩知道外在的美丽只不过是一张通行证，自我的素质和修养才是真正能够给他人留下深刻的印象。因此，她们平时会不断地给自己充电，积累自己的知识资本。因此，20 几岁的女孩，可以不够漂亮，可以没有足够多的钱，但是不能不读书。

知识提升女人味

有人说，称不上是标准美女的刘若英，就像杯温暖的奶茶，虽然没有红酒的高贵典雅，没有咖啡的精致摩登，却自有一种温润香浓的芬芳。喜欢刘若英的人、欣赏刘若英的人，都是被奶茶内在的丰富滋味所吸引，愈品愈迷恋这种久远的芬芳，而这种持久醉人的芳香就是女人味，就是女人能够成就自己不平凡一生的资本。

1987年，杨凤被青海警校录取，但她天生胆小，一想到毕业后要和罪犯打交道，就怕得要命。她要放弃上警校，父母为此骂她“没出息”。一气之下，她就只身从甘肃玉门小镇来到了北京，开始了她艰苦的谋生之路。

第一次到北京，她的兜里只揣着36块钱。她明白必须尽快找到工作才不至于饿肚子，接下来就是拼命地找工作，做过每张铅字蜡纸7毛钱的打字员，做过一个月50多块钱的宾馆服务员。为了省钱，她曾把一日三餐改为一日两餐，最后是一日一餐。一次饿得实在走不动了，她坐在马路边上看着来来往往的车辆寻思开了，难道自己就是这打工妹的命？这一寻思倒让她警醒了，她决定还是要上学，有了知识和文凭，才有出头之日。没有钱读书，她就边打工边读书，1988年9月，被中央财政金融学院夜大录取。当时的学费是三百多块，可她手里只有省吃俭用的250块钱。怎么办？她想到了卖血，那时卖200毫升血可以换54元钱。

就这样她靠卖血凑足了学费，一边打工，一边读书，1991年9月拿到了大专文凭。不久，她到一家文化公司打工，当时这家公司正与北京人民广播电台合办一个《相约在今宵》的节目，她主动去拉赞助，赞助拉来了就参加采编，一切竟还顺利。

这是读书给她的第一份回报，让她感觉到自己当初做出读书的决定是明智的，否则，她也许还在某个地方做打字员或者服务员，虽然现在仍然是打工，但起点已经完全不同了。

知识使她的人生发生了转折，从一个腼腆的打工妹变成了一个主持人。但后来，她放弃了这份工作，这源于她对靳羽西的一次采访。访谈中，靳羽西谈了很多如何美容的技巧和方法，靳羽西讲道："美容专业是一门美丽的人文事业，用你的品牌、你的双手、你的智慧，把世界上的女人打扮得漂漂亮亮的，给她们一份自信，这是很好的职业。"

靳羽西的这番话让杨凤回味了很久，她大胆地做出了新的选择，她要做一名美容师。当时，对于杨凤来说，美容还是一个全新课题。抱定一切从头开始的信念，她毅然从艺术中心辞职，放弃了主持人工作，揣着不多的积蓄去珠海拜师学美容，当然是一边学习，一边打工。对杨凤来说，那段学艺的时间是很辛苦的，白天忙一天，累得骨头都散架了，晚上还不能放松自己，经常很晚了还抱着有关美容的书啃。功夫不负苦心人，学习期满后，她如愿以偿地获得了高级美容师和主持老师的资格。她打工的那家店里的老板有意让她继续留在店里工作，但被她谢绝了，她要回北京发展。

回北京后，她听说有一家要倒闭的美容院正要出租店面，便找到那家美容院的老板。因为她没有资金，就诚恳地对老板说，自己是一个打工妹，租不起房子，但自信能把他的店管好，让它赚钱。她说："赢利了我们利润分成，如果1年不能赢利，我情愿给你打3年工，分文不取。"

老板听了此话，不禁对她刮目相看，痛快地答应了她的要求，他们很快正式签订了协议。半年下来，店里就赢利了，这是件好事，没想到老板的心态失去了平衡，他要杨凤另签一份协议。

愤怒之下杨凤离开了这家言而无信的美容院。回去的路上，她不停地对自己说："我要自己当老板，要有真正属于自己的美容院。"

机会终于来了，1996年8月，在南礼士路的繁华路段，杨凤寻到了一家正准备招租的美容美发厅。这是一个国有企业的三产美容部，杨凤主动与企业接触。经过几个月的考察后，这家企业从众多竞争者中选择了杨凤。当时，杨凤手里的钱只够交一个月的房租，好朋友都劝她别冒这个险，但她相信风险和机遇同在。

她不仅把所有的积蓄都拿了出来，还给自己的店起了个响亮的名字——凤仪轩。这里面既有她的名字，又意指每一位女性都如美丽高雅的凤凰，可从"有凤来仪"中寻找到美丽。

凤仪轩开业后，凭着出色的美容技术，杨凤很快把周围的客源吸引了过来。在一年多的时间里，凤仪轩的营业额从第一月的2万元，一直稳步发展到每月几十万元。杨凤的美容创业之路取得了良好的开端。1999年10月，她经营的美容院固定顾客就已经达到两千多人，在同类美容院中名列前矛。她也有了自己的车，自己的房，还有了一个温馨的三口之家。

杨凤的凤仪轩陆续有了连锁店，顾客就像滚雪球，越滚越大，事业可算如日中天。但是这并没有让杨凤满足，她认为企业要在市场竞争中胜出，首先要锻造高素质的专业人才队伍，而锻造高素质的人才就需要更多的知识。于是，她经常亲自带队去参加国际化的专业培训，她认为如果一个企业停止了学习，也就停止了发展。

十年的发展，凤仪轩在国家级美容行业评比中被评为特级店，跻身全国"十佳放心美容院"。但是，杨凤还有更多的想法："我计划在凤仪轩里，建一座'凤阁'，这里'凤凰'落佳，'凤条'依依，'凤池'花浴，'凤仪'美容，'凤律'悦耳……"看来，杨凤这只凤凰才刚刚振翅起舞。

从一个打工女到几家连锁店的老板，在杨凤的改变过程中，知识的角色是不容忽视的，她的智慧就在于她在不服输的同时，借助知识这个工具打造了一份属于自己、属于女人的美丽事业。

坐拥书城造内秀

很多成功女人在回顾自己的成长道路时，常常将人生一些最真诚、最辉煌的瞬间与一本或几本好书联结在一起。一本好书能够给予一个人最初的人生启蒙甚至终生的影响。只有读万卷书，才能每临大事有静气，成就别人无法企及的大业。有一句话说得好：能闲世人所闲人，方能忙世人所忙事。这里所谓的闲事，就是读书。

一本《汤姆叔叔的小屋》在美国废奴运动和南北战争期间掀起一种强大的舆论浪潮。甚至有人认为，要是没有《汤姆叔叔的小屋》，林肯就不可能在1861年当选为美国总统。

一个女人所能体会到的自由的程度和对幸福的理解的深度，与她对于人性认识的广度与深度是成正比的。以此为出发点，她就会塑造出更有精神境界的成功观。

喜欢读书，就等于把生活中平常的时光转换成了巨大享受的时刻。读书，可以增长见识，陶冶性情，使人的情感更细腻，举止更优雅，气质更深沉。淡泊以明志，宁静以致远，非读书是不能达到的。读书为人生带来了最美妙的时光，当一个人沉浸于文学世界中时，几乎可以称得上是世界上最幸福的人。

英国著名浪漫主义诗人雪莱非常爱读书，从书本上源源不断地流向他脑海里的新知识，使他看上去永远是那么朝气蓬勃、热情奔放。据记载，他总是在不停地看书，连吃饭时饭桌上也摊着一本书，他常会忘了喝茶吃烤面包，却不会忘记读书。他会让面前的烤羊腿、马铃薯冷掉，可对书本的热情却丝毫不会冷却。他外出散步时也总是手不释卷，要是独自出门，他便自言自语地吟诵；要是友人同行，他就大声朗读，读到动情处，同行的朋友无不动容。他的一生虽然短暂，却放射出了最炫目的光芒，《西风颂》、《云》、《致云雀》等抒情诗堪称是文学史上的不朽之作。在英国，这样的“书虫”数不胜数。曾一度登上英格兰王位的简·格蕾女士，在年轻时，有一天坐在家中窗下沉迷地读着柏拉图对苏格拉底之死的美丽描述。她的父母亲都在花园里狩猎，猎狗的狂吠之声从开着的窗子里清晰地传进去。一位来访者十分惊异：简·格蕾女士竟然不参加他们的游戏！她却平静地说：“我认为，他们在花园里的快乐不过是我在柏拉图那里所获得的快乐的影子罢了。”

读书能补天然之不足，甚至可以铲除一切心理上的障碍，正如通过适当的运动可以矫治身体上的某些疾患一样。看过《三国演义》的人都知道，东吴有位将军名叫吕蒙，自小为人家放牛，不通文字，因作战勇猛而受到破格提拔，却经常被同僚讥笑。后在国君孙权的劝说督促下，用心苦读，终于成为智勇双全的一代名将，不再是当年的“吴下阿蒙”。清代咸丰年间的山东巡抚张曜（1832～1891），幼年失学，年轻时日夜在赌场中混生活，闲来无事练就一身好武艺，后因参加镇压反军有功，被僧格林沁保奏做了知县，授予五品顶带。张曜乃一介武夫，认字不多，所以一切公文全由夫人处理。他任河南布政使时，被监察御史刘楠弹劾“目不识丁”，难理一省民政财务，遂由文改武，调派为南阳镇总兵。那时，“文改武”是很丢面字的事。张曜愤忿之余，知耻后勇，拜夫人为师，像蒙童那样志于向学，发愤读书，并刻“目不识丁”四字印章一枚，随身佩带以自警。后来，当年奏劾他“目不识丁”的刘楠也被劾罢职，回河南老家，百无聊赖。此时的张曜不计前嫌，“贻以千金”，且年年如此。每次给刘楠的信上都要盖上“目不识丁”的印章，以感念刘楠的栽培之德。长期的手不释卷，使得张曜的文学修养比起以往来已是不可同日而语，这足以使他对往日的官场纠葛以阔大胸襟坦然处之。后张曜转任山东巡抚，办了不少好事，如治理黄河水害，整修河堤，兴办水利，修筑道路，开设机械厂局等，凡是有益于官民的事他都尽力去办，在山东留下了较好的口碑。由一个无赖赌徒到颇有政绩的封疆大吏，在这一转变中，读书所起到的巨大作用是显而易见的。

在人生的道路上，由于偶然的机遇或出于必然的选择，人们踏上了不同的人生旅程。有时，一本书能够影响到一个人的整个人生。

据说《天路历程》的作者、英国作家班扬平生只熟读一本书：《圣经》。而正是这本书影响了他一生的文学创作。《天路历程》是17世纪英国文学史上的重要作品之一，它以寓言的形式反映了英国王朝复辟时期的社会情况，讽刺贵族阶级的荒淫和贪婪，同时也宣扬了作者的清教徒信仰，由此可见《圣经》对他的影响之大。

法国当代著名作家和戏剧家弗朗索瓦·萨冈，曾满怀感激之情地回顾加缪的《反抗的人》一书对她的影响。在14岁时，萨冈亲眼目睹了一个与自己年龄相仿的小女孩的夭亡，她无法原谅上帝竟允许这件事的发生，因而不再信仰上帝，陷入可怕的精神危机之中。恰在这时，她读到了加缪的《反抗的人》，由此发现了一个新的精神世界：尽管没有上帝了，但是还有“人”，你不用信仰上帝，却必须信仰你自己，相信人类的天性，相信人类能够主宰自己的命运。她热切地走进这个崭新的精神世界，重新建立起自己的信仰。她由此意识到文学的神圣意义与崇高使命，并在日后坚定地选择了文学创作之路，决心以此帮助那些在人生之旅中迷惘、焦虑的人们，帮助他们飞越精神的荒原与樊篱。古今中外这样的故事还有很多。

当代许多成功女人在回顾自己的成长道路时，也常常将人生一些最真诚、最辉煌的瞬间与一本或几本好书联结在一起，一本好书能够给予一个人最初的人生启蒙甚至终生的影响，这有多么神奇！

人类社会中的诸多杰出人物往往以寻求真知为己任，常常沉迷于书海中乐而忘返。

孙中山先生一生博览群书，知识渊博，不仅好读书，而且好问，遂有“通天晓”之名。

1920年毛泽东在上海，他的居室中堆满书刊，每日回家便埋头读书看报，在他周围的一批湖南青年都称他为“毛夫子”。

鲁迅年轻时发愤求学，潜心苦读，他购书数千卷，日夜攻读，学识日长，几乎达到“心通中外千年史，胸藏古今万卷书”的博学程度。他常常以烧饼充饥，辣椒御寒，节衣缩食省钱购书。因为学习成绩优秀而获得的勋章，鲁迅也都拿去换书，从不保留。

你还可以从文学的镜子里重新认识你自己。文学的核心是人学，是对人和人性的悉心认识和真切体认。而自人类顿悟自己存在的那一天起，“我是谁”便一直是困惑人类自身的斯芬克斯之谜。数千年前，希腊人为此把“认识你自己”作为神谕，镌刻在庄严、神秘的德尔斐阿波罗神庙的墙上。古今中外文学家们的皇皇巨著，都可以视作对于这一问题的苦心孤诣的思索与描述。图腾文学（包括古代神话、传说等）、古典主义文学、启蒙主义文学、浪漫主义文学、批判现实主义文学、现代派文学乃至后现代文学，都是随着人们入学观的渐进认识而渐次发生的。英国著名小说家劳伦斯认为，人是一个既有理智的头脑又有人的本能欲念的思想探险家，人类“从古到今没有停止过思想，最早他的思想体现在木制或石制的小偶像里，后来又体现在方尖碑的象形文字里、黏土卷轴和纸莎草纸上。现在，他在书本里思想，在封底和封面之间”。人总是在不间断地思想、探索，而书籍这种思想成果形式则会有助于人类战胜命运，并在战胜命运的同时更深刻地认识自身。

诚如人类对自身的探索永远没有穷尽，文学对于人性的思索与探求也就永远不可能终止。一个人，他所能体会到的自由的程度和对幸福的理解的深度，与他对于人性认识的广度与深度是成正比的。以此为出发点，他就会塑造出更有精神境界的成功观。广泛阅读色彩斑斓的文学画卷，无疑是我们体察人性、认识自身，追求辉煌的一条捷径。

阅读提升你的品位

一个女孩，在读过足够的好书之后，她会变得很优秀，因为书给了她底气，熏陶了她至真、至美、至纯的情感，使她变得温文娴雅、善解人意，充满书卷气息。像这样的女人才是真正地受到他人欢迎，并能缔结良好的人际关系。

玉洁出生于书香世家，从小就在当教师的父母的熏陶下，读遍了中外名著。人虽然长得并不漂亮，但每当她走在花团锦簇、浓妆艳抹的女人中间时，却格外地引人注目。那是一种超尘脱俗的气质，是修养，是浑身流溢的书卷味使她显得与众不同。“腹有诗书气自华”，这句话对她再合适不过了。

玉洁也是个爱美的女孩，不过她和街头时尚女孩的爱美却不一样。那些紧随潮流的时尚元素在她的身上很少出现，那些奇怪的装扮和惹眼的彩妆也很少出现在她的身上。她一向不挂金，不戴银，素面朝天，却总是给人一种心清气爽的淑女气息。

有人评价说她整个人的形象像一篇清丽的散文，一本黑白之间透露着色彩的书。对，玉洁就像一本外表简单朴素，却蕴涵深刻的书。

她是个喜欢读书的女孩，从儿童时代到大学，不管功课多么繁忙，她总会抽空看一会儿喜欢的书。参加工作后，她也经常阅读书籍。玉洁最喜欢去的地方也是书店或图书馆。当别的女孩子正津津乐道时尚流行，研究化妆打扮时，玉洁已经坐在图书馆的某个角落，陶醉在书的世界里了。

在玉洁眼里，读书是一种无比的享受，在文字的海洋中洗涤自己，充实自己，忧伤自己，快乐自己，仿佛整个世界都是自己的，没有嘈杂，没有纷争，没有虚伪，没有疲惫，只有愉悦与惬意。

朋友都很喜欢和玉洁交往，因为他们跟她说话总能使人感觉神清气爽，俗气全无；跟她交往常使人了无城府，阳光灿烂。

一个女孩最具魅力之处，即在于心中藏有一座开掘不尽的精神矿藏，它有能力让自己的美丽与时俱进，任岁月渐长，亦能给人一种常新的迷人魅力。想要获取这种魅力，秘诀就是内外兼修，从美心开始打足底气，持之以恒地积累自己美丽的资产。

而阅读诗书，正是充盈智慧、美丽终身的途径所在。

书是上一代传给下一代的精神遗产，是智慧老人给开始人生的青年人的忠告，是准备休息的哨兵给接班的哨兵的命令。人类的生活智慧完全写在书里。

要想具有丰富的知识，做一个有文化素养的人，使自己散发书香的魅力，就要与书为友。一本好书就像一个最好的朋友，它始终不渝，过去如此，现在仍然如此，将来也永远不变，它是最有耐心、最令人愉快的伴侣，在穷困潦倒、临危遭难的时候，它也不会抛弃我们，总是一往情深。在人们年轻时，好书可以陶冶人们的性情，增长知识；年老时，它又给人们以安慰和勉励。

人生的境界，就在于其思想的境界。好书常如最精美的宝器，珍藏着人一生思想的精华，若将一本好书的崇高思想铭记于心，那么这本书就成为我们忠实的伴侣和永恒的慰藉，优美纯真的思想会像天使一样，净化我们的灵魂。

袅袅书香，薰养出女人丽影清质的芝兰之气，更让女性最美丽的灵光——聪慧与日俱增。以书润心，可以成就一个完美女人。当然，在今天这样一个快节奏的时代，一个聪明的女人不一定需要博览群书，只消读到其中的一部分，适当弥补自己的知识体系的一些空白与不足，就能比别人多几分典雅的风神韵味。

因此，我们并不提倡女人做一个博古通今的学者，对每个人来说，都有不同的品位和不同的选择，有些书可以增强女性自身修养，有些可以陶冶女人性情，有些可以抚慰女人的心灵，有些则具体指导衣食住行，让女人活得更加滋润。

从怡悦芳心、陶冶情操的角度来看，中国传统文学与外国优秀文学作品是一个很好的选择，透过文学这个窗口，你可以以审美的眼光来看待生活。

唐诗的艺术成就和历史影响无须我们去评价，但初学唐诗应该是小孩子童言无忌之时，虽然还不能明白诗的意境，但记性却格外好，乃至懂事之后，好多脍炙人口的千古绝句自然就会深明其意，引发共鸣。

众所周知，单纯看诗是很难感受和领悟诗中蕴涵的意境的，尤其是流传千古的唐诗三百首，几乎每首都是完整的精美绝伦的艺术品。要真正欣赏到骨子里去，你非得反复阅读，动情吟咏，感同身受，深深陶醉，才能体味到其中的精妙。

欣赏唐诗犹如把玩一件心仪已久的掌上明珠，每次的品味都会不同以往，每一次的感受都会不同凡响。

唐诗代表了中国诗歌的极致，至今也难以企及。正是有了唐代流传下来的浩如烟海的唐诗，中华民族的文化才有如此深厚的底蕴，我们今天才能从中感受到盛唐时人们张扬的个性，触摸到历史在那个年代造就的辉煌。

俗话说：功夫在诗外。欣赏唐诗的真正目的是提高自身的文学素养。优秀的文学艺术之所以能够流传千古，并且值得用一生的时间去领会与感悟，纯粹是因为人性的力量。而对于女人来讲，了解人性、把握人性，不仅是你的生存之道，也是你一生的学问。

说起宋词，稍有些文学素养的女人，似乎都会赋词，而词所表达的意境与感觉的精妙，又往往和女人的多愁善感相衬，所以一直以来，词总被认为是女人的东西。尤其是婉约词的杰出代表李清照，她写的千古绝句，真的是无与伦比，尤其是她对叠字的运用，几乎到了前无古人、后无来者的高度。那种把字揉碎了再捏在一起，重新拼出全新的意境的能力，让男人只能是目瞪口呆。她对周围事物的敏感与把握，对细节处理做到的极致，也许正是今天的女人待人接物的处世标准。

宋词的妙处，在于遣词造名的精妙和欲言还休的含蓄，使得后人所有的翻译和注解都显得平淡乏味而且多此一举，只有在反复吟咏的过程中，你才会越发强烈地体会到其中的深意。

词的简洁与细腻，对女人的修身养性非常重要。现在的女人如果能写一手隽永秀逸的词，绝对会让人刮目相看，惊为天人，只不过你在乎的可能只是那份弥漫在自己周围的情调，别人则在意的是你脱俗的才华。当然，孤芳自赏也好，多愁善感也罢，内秀才是女人真正的价值。

一个20几岁的女孩，如果不读书，没有知识就会变得无知、粗俗，就会被时代抛弃。即使貌若天仙，穿着华贵，也只是用物质涂抹起来的面具，终归是浅薄的，再好看也不会长久。相反，只要她喜欢读书，充满书卷气质，即使穿戴朴素，她依然会显得那么高雅雍容，衣服对她来说，只是一种饰品和点缀，只会让她更加美丽、更具风韵。

20几岁女孩必读的几本书

看书的好处在于感同身受的经历，对于女孩而言，美丽不仅需要保养，更需要经历。然而现代社会生活的节奏，不可能给你太多经历的机会，除非你自寻烦恼，因此，看书，尤其是看那些倾情演绎人世沧桑的文学名著，无疑就是最好的经历。名著中那些丰富而奇妙的人情世故能让你感情丰富、内蕴浓厚。

当然，要做一个内涵丰厚的现代知性女孩，其文化视野仅停留在传统文化是远远不够的。现代生活需求和心理需求的多元化要求我们进一步扩大阅读面，广泛涉猎文学、哲学、艺术、生活服饰、美体美容、职业成功、婚姻家庭、育儿、旅游等诸多不同领域；同时还要与时俱进，吸纳最新的信息和技能，使之服务于自己的生活。

优秀的文化产品可以让女孩变得聪慧、大气、成熟，一本好书可以帮助女孩不时地清理心灵尘埃，释放压力与重负，经营生活与感情，这种对心灵的滋润可以让女人美丽一生。

在此，我们简单罗列一些供20几岁女孩参考阅读的书目：

一、修身

关键词：增强自身修养、有识而显富足。

1.《红楼梦》

2.《西厢记》

3.《飘》

4.《金粉世家》

5.《荆棘鸟》

6.《呼兰河传》

7.《生为女人》

8.《简·爱》

9.《围城》

10.《嘉莉妹妹》

11.《洗澡》

12.《茶花女》

13.《女人传》

14.《傅雷家书》

15.《安娜·卡列尼娜》

16.《金锁记》

17.《包法利夫人》

18.《玩偶之家》

19.《小城三月》

20.《傲慢与偏见》

二、养性

关键词：陶冶性情、因爱愉悦生命。

1.《世界美术名作二十讲》

2.《随想录》

3.《外国古建筑二十讲》

4.《石评梅散文》

5.《叶芝抒情诗全集》

6.《音乐气质》

7.《雪莱抒情诗选》

8.《音乐心情》

9.《草叶集》

10.《艺术的故事》

11.《西方艺术的故事》

12.《美学散步》

13.《李清照诗词评注》

14.《艺境》

15.《美的历程》

三、抚心

关键词：心灵安顿、有情而识灵魂。

1.《时间草原》
2.《一个女人的成熟》
3.《关于女人》
4.《女性潜意识》
5.《安徒生童话故事集》
6.《小王子》
7.《在天涯寻觅你》
8.《一个女人的成长》
四、扮靓生活
关键词：关注日常生活、有心而知美丽。
1.《卡尔·威特的教育》
2.《女性个人色彩诊断》
3.《懒女孩的健康指南》
4.《世界上最美的女人》
5.《女人的健康顾问》
6.《非常女人健身书》
7.《一生要去的 66 个地方》
8.《谁是最美的女人》
9.《婚姻宝典》
10.《美容圣经》
11.《创造真爱的五项修炼》
12.《美丽一百分》
13.《女人的身体，女人的智慧》
14.《女性的身体》
15.《斯波克育儿经》
16.《完全母亲手册》
五、历练才干
关键词：增强自身才干、有梦而致远方。
1.《居里夫人传》
2.《女人的圣经》
3.《名女》

4.《魅力女人素质阶梯》

5.《女人的资本》

6.《女人的22条天规》

7.《假如给我三天光明》

8.《写给女人》

9.《女人自信12课》

10.《女人一定要精彩》

六、增长智慧

关键词：关注思想哲理、有才而明得失。

1.《圣经》

2.《中国哲学史大纲》

3.《第二性》

4.《苏菲的世界》

5.《女性的奥秘》

6.《野火集》

7.《智慧的探险》

8.《这个动荡的世界》

当然，这里只是简单地罗列一小部分，以期起到抛砖引玉的作用。你完全可以按照自己的兴趣、爱好及阅读的侧重点选择自己的书目清单。

阅读的力量即在于以知识充实女人的精神空间，增长我们的智慧，终生滋养我们的心灵。阅读给我们带来圆融的生命智慧，它是女人生命最恒久的妆容。

阅读是心灵的对话，思想的放牧，也是开启心智的钥匙，更是我们获取心灵满足与快乐的源泉。

阅读能产生共鸣的快乐。阅读的快乐必定能引起心灵共振，在渐入佳境的读书过程中，它能激起我们对自身经历的有趣回忆，使我们见识从未经历的五彩缤纷的生活，使我们进入作者描写的天地，跨越时空与书中主人公进行灵魂的交流，同悲同喜，于一瞬间体味世间永恒之美。

阅读能产生美容的快乐。古人云“三日不读书，便觉语言无味，面目可憎”、“腹有诗书气自华”，说的就是美容层面的事。书是滋养灵魂的东西，多看一些，性情会优美一些，见解会深刻一些，视野开阔，言之有物，可以造成性格上的脱俗和优美。读的书多了，看似过眼烟云，不复记忆，但它是潜在的，在气质上、谈吐上、在胸襟上，沉淀多了，容颜自然美丽。有人说："人如其所读。"在美文的阅读中，我们会获得美丽的快乐。

阅读能产生宁静的快乐。尘世中凡夫俗子终日疲于奔命，穿梭于市井之间，挣扎在众生趋之若鹜的名利场中而变得浮躁、空虚、沮丧，让人惶恐于不知身心安于何处。阅读让我们尽情驰骋于博大世界，畅游于无限宽阔的海洋，我们的心灵会得到至真、至美、至纯的陶冶，那一个个质朴的汉字，会从厚厚的书页中跳出来，似朋友、像爱人、如故交、若长者，与你娓娓而谈，向你倾诉心曲。李白的飘逸豪放，杜甫的雄浑苍凉，李清照的清丽婉约……恍如秋水淙淙流淌；艾青笔下的大堰河似娴静的母亲，朱自清笔下的月色荷塘令人驰神往……走进但丁的神曲，聆听雨果的钟声……渐渐的，心灵静如止水。

当我们沐浴在暖暖的阳光下，泡一杯清茶，手捧书香沁脾的精品，如痴如醉地欣赏那一行行欢快跳跃的文字，似一位美食家，品尝佳肴，满口噙香，它的养分早已融入我们的血液。

当我们在静谧的月夜，夜阑人静时，亲近书香，细细品味咀嚼，生活便向我们打开一扇窗户，透进来的是全新的空气，不露痕迹地弥漫在我们周围，不取分文地滋润我们的心腑。

阅读使我们怡情增智，美丽容颜，使我们找到一片心灵的净土，从而使我们焕发真正的快乐。

以书润心，可以让我们心灵宁静、快乐常在、美丽永驻！

第二节　学会思考，挖掘女人的智慧资本

20几岁的女孩，虽然不必像爱因斯坦、爱迪生这样的天才一样，为整个人类进步作出多少贡献，但是一定要有足够应对事业和生活中难题的聪

慧。因为思考令女孩懂得反思，反思自己的失误，或欣赏自己的优点，在以后的生活中应付自如。

重视自身的智慧修养

生活在一个极尽声色的时代里，人们很容易落入表象的陷阱。许多女孩往往误以为仅仅靠着刻意的打扮、精心设计的形象、伪装的亲和力、自我吹嘘的权威身份，就可以吸引众人的目光。事实上，往往并不是想象中的那样。

真正的魅力，需要时间的陶冶，更需要智慧的修养。然而有魅力的女孩，所焕发出的光彩当中，最持久、最深刻的一种便是贤德有容。若在一个女性的眼里，只知道穿衣打扮和逛街泡吧这两件事情，那她根本算不上是一个有魅力的女性。她生活的内涵是空虚的，她人生的底蕴是单薄的。只有再加上“智慧”二字，才能把一个现代女性与魅力联系在一起，否则难以在与人交往的过程中真正受到他人的欢迎和认可，就更不要说是否能建立良好的人际关系了。

蓉蓉今年28岁了，有事没事喜欢在网上聊天。有一次，她的一个朋友告诉她，老公有了外遇。蓉蓉很同情她，不断安慰她，同时心想，这样的事永远不会发生在自己的身上。

一次，蓉蓉下班后路过一家咖啡厅，令她不敢相信的是，老公正在和一个女子边聊天边喝咖啡。她气极了，立即想冲过去，大骂他们一顿，然后提出分手。可是，她转念一想，这样会不会太冲动了，万一他们是一般的朋友关系，只是在聊工作呢？怎么办？蓉蓉想了想，走到服务台，把账结了。她想给老公一个提醒，也给自己一个机会。

回到家后，她一直等老公回来。老公进门后，她装作不经意地问：“今天怎么回来这么晚？”“和一个朋友到咖啡厅聊了聊。”老公笑着回答道。

“怎么这么高兴，是不是有人帮你结账啊？”

老公恍然大悟，说道：“原来是你结的账啊，你到过那里？那个人其实以前喜欢过我，明天要出国了，今天请我喝咖啡道个别。我怕你误解，所以没有提前告诉你。”

蓉蓉笑着说：“我知道，没什么，应该的，咱们吃饭吧，饿坏了。”蓉蓉很为自己的做法而庆幸，一场家庭战争因她的智慧而避免了。

智慧是一个魅力女孩不可或缺的养分，缺少了智慧，贤淑便无从谈起，更谈不上什么魅力了。智慧固然在很大程度上取决于一个人的价值，却绝不是天生的，学识、阅历并善于吸取经验教训会使一个人迅速智慧起来。

女孩的智慧不仅仅是常识，不仅仅是知识，不仅仅是聪明，也不仅仅是经验。一个女孩的智慧是站在常识、知识、聪明和经验的台阶上，观察这个世界时所睁大的那双充满欣赏和有所发现的眼睛，是将这个美丽的世界纳入其中、融入心灵时绽放的那朵感悟的花朵。

总之，丰富自己的内涵，不断学习，掌握各种技能，提高自己的生活品位，让你的人生充满智慧，便能使得自我的社交能力不断地得到提高。

聪明女孩不受固定思维束缚

聪明的女孩会学习，从学习中掌握现代科学技术，锻炼大脑，让自己能在日益竞争的社会取得一席之地。聪明的女人懂得用别人的知识来填充自己的不足，最重要的是，在获得知识后，懂得运用，大胆突破固定思维模式，敢做第一个吃螃蟹的女孩。

比如，大象能用鼻子轻松地将一吨重的行李抬起来，但我们在看马戏表演时却发现，这么巨大的动物，却安静地被拴在一个小木桩上。这是怎么回事呢？

原来训练者在它们尚幼小无力时开始，就用沉重的铁链将它们拴在无法动的铁桩上。不管用多大的力气去拉，这铁桩对幼象而言，是太沉重的东西，当然动也动不了。不久，幼象长大，力气也增加，但只要身边有桩，它总是不敢妄动。

这就是成见。成长后的象，可以轻易将铁链拉断，但因幼时的经验一直存留至长大，它习惯地认为（错觉）“绝对拉不断”，所以不再去拉扯。

我们的情况也是如此——虽然我们都知道“头脑”（无限能力）的最强大的武器，但因固定的观念模式，只能以常识性、否定性的眼光来看事物，自以为是地认为“我没有那样的才能”，终于白白浪费掉大好机会。除了这种静止地看待自己的形而上学的错误，用僵化和固定的观点认识外界的事物有时会带来危害。

比如，通常我们都知道，海水是不能饮用的，可是如果抱定了这种认识，就可能产生严重后果。有这样一个故事来说明，一次，一艘远洋海轮不幸触礁，沉没在汪洋大海里，幸存下来的九位船员拼死登上一座孤岛，才得以幸存下来。

但接下来的情形更加糟糕，岛上除了石头还是石头，没有任何可以用来充饥的东西。更为要命的是，在烈日的暴晒下，每个人口渴得冒烟，水成为最珍贵的东西。

尽管四周是水——海水，可谁都知道，海水又苦又涩又咸，根本不能用来解渴。现在九个人唯一的生存希望是老天爷下雨或别的过往船只发现他们。等啊等，没有任何下雨的迹象，除了海水还是一望无边的海水，没有任何船只经过这个死一般寂静的岛。渐渐的，船员们支撑不下去了，大部分人渴死在孤岛。

当最后一位船员快要渴死的时候，他实在忍受不住，扑进海水里，“咕嘟咕嘟”地喝了一肚子。船员喝完海水，一点儿觉不出海水的苦涩味，相反觉得这海水又甘又甜，非常解渴。他想：也许这是自己死前的幻觉吧，便静静地躺在岛上，等着死神的降临。他睡了一觉，醒来后发现自己还活着，船员非常奇怪，于是他每天靠喝这岛边的海水度日，终于等来了救援的船只。

后来人们化验这水发现，这儿由于有地下泉水的不断翻涌，所以海水实际上全是可口的泉水。

与僵化的思想相比，值得提倡的是“明智的藐视”。明智的藐视是一种能力，也是一种特征，那就是：不顾你不能或无法做的情形，无论如何都去干。这能使一个人完成近乎不可能的事情。

例如，当你进入一家公司做销售时，你并没有销售的经验，甚至对销售业一无所知，好处也在这里，你对一切不清楚时，你会大胆地进行一些尝试，成功的机会就大大增加。结果是，你可能成为销售精英。不知道自己能不能做而大胆突破固定思维去做，总比死守着某些陈腐思维要好得多。也许这就是为什么有的人成为杰出的销售家，而有的人根本不行的原因。

众所周知，大黄蜂无法飞行。科学已经充分证明了大黄蜂无法飞，它的体重太沉，而翅膀又太轻。从气体动力方面来说，它飞行是不可能的。然而大黄蜂不知道这样的事实——所以它飞了。

脑子“开窍”赢得机会

有些女性的公司里的表现常以“我这个人不行，想不出什么好主意”为借口，而让一些机会丢失，这是多么可惜的事情啊。

美国布法罗大学有过一个研究计划，把选修“巧运匠心解决问题”课程的研究生，与未选这种课程的研究生分成两组加以测验。结果显示，选课的一组在产生新颖有用主意的能力方面平均比另一组强94%。除去各种“开窍”练习外，要紧的是掌握3条原则：

1. 清楚认定问题

这听起来很简单，但是即使表面很简单的问题，也未必说得很明确。一个年轻母亲问老师：“怎么才能使我的儿子早餐时吃鸡蛋呢?”

老师反问：“你为什么要他们吃鸡蛋?”

答复是：“因为鸡蛋富有助于身体发育的蛋白质。”

因此正确的目标应是：怎样才能帮助孩子得到足够的蛋白质？不久以后，这位年轻母亲的孩子就不必再为鸡蛋反抗，因为他们有了最喜欢的食品——牛肉饼。

2. 考虑一切可能的解决方法

聪明的决定来自许多可行方案的抉择。如果希望有一大堆主意，你就要慢点批评。“绞脑汁”会议就是一个很好的方法。包括10～12个人的一群人对一个特定的问题尽可能提出解决方法，越多越好。一项严格的规则就是必须暂停一切批评，不许讥笑别人的主意。

例如，一群人面临的问题是：一枚水雷已经漂近一艘下锚的驱逐舰，近得来不及发动引擎逃避，请问有什么办法可以挽救驱逐舰？有人开玩笑说："让大家到甲板上去，合力把水雷吹走！"这个显然不切实际的建议引得另一与会者说："搬水管来冲，把它冲走。"事实上，这就是某次战争中一艘驱逐舰真的碰到这种窘境时船员采用的办法！

3. 暂时搁置问题

在经过一段长时间似乎徒劳无功的努力以后，最好暂时把问题转交给潜意识。我们脑中非常复杂的电子计算机会在潜意识里进行神秘的计算，然后在一天、一星期或一个月里，一个答案可能突然涌上心头。

乔治·西屋为了使一长列火车车厢同时停驶，焦思苦虑了好几年。后来他读到压缩空气用管子输送到几里以外的山中钻凿机的报道，答案有了：他要用管子把压缩空气输送到他的长列火车，用空气刹车使它们停驶。不过这种灵感是长期准备和思考以后才来的。如果其他条件相同，在他那一行里知识最丰富的人，将是最富创造力的人。

社会历史的进步创造着新的思维方式，新的思维方式又成为社会历史前进的催化力量。知识经济社会，其社会结构不是传统农业社会和工业社会那种金字塔结构，而呈开放的网络状。网络具有整体性、综合性、开放性、动态性、非线性和多元互补等特征。因此，知识经济时代的思维方式亦应该具有这些特征的实践——智能型思维，其中创造性思维居于中心地位。

当代人类实践的规模、范围空前扩大，其复杂性也愈益加强。现代社会的任何一项重大的实践活动，都要涉及大量的技术、经济、环境、社会心理和伦理等问题，其中一些甚至还跨越国界并且对未来产生影响。我们目前面临的许多社会问题早已打破了传统分工的界限，为此也要求我们的思维方式必须变革，以适合于对复杂事物的整体分析。

通讯网络以及世界经济一体化的发展把全球联结成一个整体，多种多样的和遥远的信息在瞬间就可以存取，跨学科、跨文化的对话可以广泛地进行，合作和竞争都将进一步加强。每一国家、地区和民族都同整个世界的物质生产和精神生产发生实际联系，并通过一定形式来利用全人类所创造的一切。这就给每一国家和民族（乃至个人的发展）增强了活力，提供了多样化选择的机会和能力，从而激发创造和推动变革。求变、求新、多样化和节奏加快是信息社会的重要特征，它要求我们具备广阔的视野、活跃的思想、敏捷的思维和即时的应变能力。开放也是对不同观念，尤其是对创新性的新思想、新规则的开放，通过不断的学习和创造来更新自我。

创意是一种生存智慧

创意是大脑进行的思维活动的结果，它能带给你的好处有很多。比如，你可以从中提高自己的知识水平，你可以在现代竞争社会取得更好的生存条件，比他人更有实力，把握自己。人生的目的就在于：通过无限的创意，不断地超越生活中一个个有限的“障碍物”，最终由此及彼、由混沌而清澈、由失败而成功！女人一生中，通过创意来改变生活，可以收到很大的成效。凡是真正能掌握自己命运的人，靠的不是运气，而是靠智慧。这就是说，创意是一种生存智慧术。那么，创意生存离我们有多远？

（1）现代人生活压力极大，可以讲是在一系列高压下抗争生存的艰难，所以人们总是试图把创意作为改变生活压力的方式。

（2）创意的目的多种多样，往往因人而异，但是谁也不愿失去抗争力是人们的生存欲望。正是这种比较和欲望，决定了自我创意的价值。

（3）每个人都应当有责任，尽管这种责任的对象不同，但是责任往往是一种动力。动力就是产生创意的基础，没有动力的人不会去追求。

（4）在创意中能挑战自我，能证明自我：是强者？是弱者？我们不畏惧强者，也不害怕自己暂时是弱者，因为一个有价值的创意就能使自己由弱而强。

（5）人们不断追求创意的原因是因为需要成功，成功之后的人才能是有价值的。价值能使人生发出光亮！

（6）尽管每个人的创意不同，但创意的目的都是给自己找到最有效的活法。

（7）一般来讲，不是每个创意都能获得成功，但是要想获得下一个成功的创意，第一个创意是不可缺少的。失败的创意能够营造成功的创意。

（8）创意是改变“我不行”到“我能行”的一种观念手段。人生不会相同，但是人生的机遇却是相同的。创意就是机遇的再现，是把机遇转化为人生价值。

(9) 创意是才智的表现，创意是场合的选择，创意是环境的把握，创意是机遇的再现。这四点证明创意是自我革命的手段。

的确，现代人的生存处处面临各种各样的压力，在压力中气喘吁吁，在压力中求得希望，在压力中创造价值。这些都是创意的痛苦，也是创意的快乐。因此，有人称创意是“先抑后扬”、“由此及彼”的发现和创造过程。

你说说，那些成就一番事业的人，哪一个不是用脑子思考的结果。用脑子思考就是根据具体情况，进行周密的分析与考察，找出一条适合自己的出路。用脑子思考就是创意的开始。

为了充分享受创意的乐趣，可以采取以下步骤：

(1) 在找到答案之前，收集所有的资料。在你找到一种有效的解决办法、一条新途径或一种新理论之前，你要抛开大脑里预先存在的想法，尽可能收集你能找到的所有资料。没有这些资料，你就没有智力助燃剂来点燃你的思维过程。那些预先存在的想法会阻碍你发现重要的事实及其相互关系。

(2) 对资料进行分类，并要发明新的分类方法。提出我们自己的分类标准和方法，这有助于我们发现资料之间的联系，对资料进行归纳。

(3) 对资料进行归纳，再归纳。通过归纳，我们可以不断想出新的观点和解决办法。重要的不是我们的归纳是否正确，而是归纳的过程有助于我们思考。

(4) 解释。只有我们理解了的东西我们才算对它有所了解。只有当我们能用自己的话对事物做出解释时，我们才算理解了该事物。当我们努力对一个情境或一个困难问题做出解释时，我们就启动了我们的思考过程，加快了大脑的运转。

(5) 找出你不理解的东西。理解只有从不理解而来。思维的关键是找出我们不理解的即反常的事物。你要把自己不理解的东西找出来并加以理解，就好像你对任何事都不理解，对任何事都心存疑虑似的。

(6) 应用你以前的所学。通常，你已经了解的事物，即使是彼此毫不相关的事物，也会激发你的灵感和顿悟。

(7) 拒绝合乎常规的想法。很多时候我们发现眼前就有一种解决问题的办法，但我们必须拒绝这种办法，因为它过于平常。你要对现有的解释提出疑问，因为合乎常规的想法往往是错误的。

(8) 让你的思维自由徜徉。胡思乱想、做白日梦，我们的大脑常常在这些“走神”的时候，冒出一些很新颖的念头，甚至找出解决问题的关键。漫无边际地想来想去也是一种思考，它背后往往是潜意识在发挥作用，把我们引向我们正在寻求的答案。

在创意的时候，还必须遵循以下“规则”：

(1) 设定创意计划。如果你想成功的话，就开始计划吧！发展你的技能，增进你的能力。把精力集中在你最喜爱的活动上，并且以最自然的方式完成，因为你最喜欢的事情往往也就是你的天分所在。对于那些未曾挖掘自己天分的人，经常在生活中发现自己陷入瓶颈之中，进退维谷，停滞不前。虽然他们所做的事已经算是表现不俗了，通常他们还是不能满足现状，因为他们还有别的潜能还未能有效地发挥出来。

(2) 制定创意账单。没有东西是免费的，这种想法对某些人而言，听起来简直像新闻一样。但是，事实上每一件你所做的东西无不需要代价，不管如何，你最后终究得付出代价。成功的人知道并且接受这点，他们不会想避免付出，但是失败者恰恰相反。

假如成功者老是在付出，为什么他们会是自得其乐的那一群？有比别人多的空闲，享有更多的尊敬，不管代价是金钱、空闲、情感上的焦虑，或是生活上的不便，为何他们看来似乎没有付出什么？

成功的人的确为他们的成功付出了代价，只不过他们的动机似乎比较准确，时运也比较佳。

在你知道你想要什么时，同时你也得了解它要付出什么代价来换取，还有这笔代价包含了哪些东西，你得尽快把它们付清。如果你能了解没有人可以摆脱有得必有失的命运，你就已经先赢了一半了。

(3) 做你想做的创意。成功的人看来似乎比常人能有更多的时间和精力做他们喜欢的事。其实，当你在做你喜欢的事时，你所做的事就变成一种自我实现。你的工作会使你有满足感，因为它们在逻辑上属于你的身份和信仰的扩张。一旦某个人可以把内在的自我反映在生活上，他就会从所做的事当中得到情感上的滋养。工作愈艰难，他就愈觉得生活丰富、活力十足。

（4）抓住创意时间。当投资环境陷入低潮时，胜利者似乎能掌握渡过难关所需的技巧。在问题首次出现时，人们应该能够更轻易地杜绝那些可能会接踵而来的麻烦，特别是那些日常生活上的问题，更是不能错乱创意的秩序。应当抓住创意的时间，有效创意人生的美好。

（5）注意创意进展。不管你多么密切地注意生活中的重要变数，都要像个商人似的看着别人做买卖，除非你注意的速度能快得好像连进展的速度都慢下来等候你似的，否则，再小心翼翼地留心也是徒劳。如果你密切留意到进展过程的话，你就可望日后出人头地，因为你会比别人更意识到即将来临的成败。你将在结束之前就知道成绩——或许在老早之前就知道了。

第三节 化妆美容，亮出女人漂亮的资本

外在的漂亮，可以说是女孩的一种资本，让女孩在很多的时候占尽了优势。但是天生丽质的人毕竟是少数，后天的修炼占有很大的成分。正所谓“人靠衣衫马靠鞍”，“三分长相，七分打扮”。所以，20几岁的女孩，即使没有天使般的脸蛋、魔鬼般的身材，也不要自卑，恰当地化妆打扮，一样让你靓丽照人。

女孩千万不要对化妆掉以轻心

化妆可能是件微妙的事情，眼圈周围使用的三种颜色会合成一种颜色。涂上口红唇彩的嘴唇看起来富有光泽，微红的脸庞在男人看来是略有些害羞。啊，这可太妙了！最简单的化妆也会给女人增色！有人说：“正

因为想吸引对方，所以才拼命打扮，尽量使自己看起来完美些。我略施粉黛，精神奕奕，是想寻求在男女之间建立那种成熟的、令人激动愉快的、充满浪漫色彩的关系。”

人们承认：一个妙龄女子确实对男性有着非凡的吸引力，更何况这样的女人有时还会耍一些引诱男人的手段呢？一些不愿化妆的女人喜欢利用自己满头的秀发向男人发出信息。女性那闪亮、飘柔、弯弯曲曲的秀发本身就有一种对异性的吸引力。有人说过：“长发是女人的另一个名字。”这时，秀发正是妆扮的又一个绝妙手法。

我们要按自己习惯的方法来塑造自己。我们自己创造出一个形象，然后再按这个自己“制造”出来的形象进行自我美容。举个例子，某公司有一个身材矮小的女秘书，她经常表情哀怨，穿着肥衣肥裤，素面朝天。这位女秘书身材略有些肥胖，超过正常体重约20英镑，尽管她的五官不乏甜美，皮肤很好，细腻油亮，但也绝不会有人看上她的，因为她是故意这样做的。

另有一位职员，身材特别难看，她不管做什么运动、穿什么样的衣服，都难以改变自己不雅的身材外形。但她每天都仔细妆扮，穿漂亮的丝质衬衣和做工精细的裙子，打扮得充满神采。尽管如此，她还不能被称为美丽漂亮。但这样长此以往，她开始引起别人的注意了。往脸上擦粉、描眉和抹口红堪称化妆的“三件宝”。长相一般的女子在化妆时，就凭着这“三件宝”，不用费额外的心思，就可以打扮得十分出色。如果90%的女人懂得如何化妆，那么女人的外貌就会有很大的改观。

我们的鉴赏能力如何，这一点会通过我们脸部的化妆和身体其他地方的修饰打扮综合向外界反映出来。然而，在这方面缺乏技巧是不行的。要想掌握化妆技巧，就要大胆地、不断地去实践。请记住，得体的化妆可以反映出一个人内在的美，从而吸引他人关注欣赏的眼光。

一个成熟的女人不会感到化妆品是不太自然的东西，也不会对把钱花在化妆打扮上感到愤愤不平。而大家更需要知道的是如何使用化妆品。如果你真的不会使用化妆品，那就开始学吧！

找一个专业化妆师，即使花上一点钱也没有什么大不了的，请这位专业化妆师教你。当专业化妆师给你化妆时，要抓住机会多请教，照着教的方法练习化妆。对化妆这门技术要不断地练习、练习、再练习！

持续、大胆的实践可以使你的化妆技巧十分出色。当你熟悉了一种化妆方式后，不妨时不时再来点儿新花样。一个女人可能多少年来都习惯于一种化妆方式，直到年纪不允许使用这种化妆方式才罢休。这并不值得提倡。何必拘于可怜的几种常用方法？化妆方法多种多样，就像我们的衣着一样，是绚丽多彩的。不妨试一试其他的化妆方法。只要你胆大心细，善于观察和领悟，就一定能用不同的色彩妆扮出迷人的风姿！

整体搭配为美丽加分

这是一个美女经济效应时代，打开电视，你可以看到几乎所有的广告都请美女做代言人。除此之外，我们自己也愿意看到一位长相漂亮的女人，这是件赏心悦目的事情。漂亮是一道亮丽的风景，女人都希望自己漂漂亮亮，活得潇潇洒洒。不过漂亮也是件仁者见仁，智者见智的事情，不是谁都可以拥有像奥黛利·赫本、玛丽莲·梦露那般的容貌，但是，通过你用心的化妆、搭配，一样可以达到赏心悦目的效果，同时还可以增强你的自信心。

下面来看看在工作、生活中你需要怎样来装扮自己，把自己最美丽的一面展示出来。打扮最重要的一个原则是：找到最适合你的服饰，扬长避短，表现你内在的气质和修养。好的搭配能给你的魅力加分不少。有句话说得很好，“世上没有丑女，只有懒女”。只要对自己多花点时间，你一定会成为最靓丽的那个女人。

1. 四种不同体形女性的着装方法

（1）娇小玲珑的体形：这种体形的女性应该选择淡色或小型花纹且质地柔软的衣服。此外，上衣可以采用镶边的样式，裙子则不妨在腰际打碎褶，使身材显得较丰满。帽子、提袋和项链等配件，则尽量选用小而可爱的类型。

（2）矮小而丰满的体形：只要在上半身或下半身的某个部位裁剪得贴身合适，其他的部位则可以略显宽松，这样可使身体的感觉衬托得更为平衡。穿着蓬裙或长裙会显得更为矮胖，所以在穿着裙子的时候，应该尽量选择合身的短裙。此外，也可以选择色彩明朗的运动衫、细小花格的洋装。打结的围巾，或装饰领口的小胸针，都是理想而可爱的配件。总之，体形矮胖的人，在穿着方面，应该尽量表现得清爽而且充满活力。

（3）高而瘦削的体形：这种体形是最理想的“衣服架子”，适合各种样式的服装。但如果穿着太古板的衣服，会让人觉得老气横秋。因此，在选择衣服的式样时，应特别注意“新鲜感”，最好是穿着大型花纹且曲线丰富的洋装。布料方面则以舒适、柔软的质地最为适宜。如果衣服上有横向的花纹，会显得更为丰满动人。

另外，选择宽边帽、大的手提包和能叮当作响的耳环或项链，更会使你显得大方、俏丽。

（4）高而粗壮的体形：这种体形的人通常腰部较为粗大，所以，掩饰的重点应该放在腰部。如果体形略胖，裙长应该垂膝。此外，各种式样的迷你裙也适合这类体形的人穿着。服装的款式，以趋向运动装的样式最为合适。布料则以不要太显露体形的质料为主；色泽方面，则应选择深而鲜丽的色彩；在配件方面，也以大型的东西较为合适。

在举止方面，一定要注意细节，不要做出和身份不相称的举动。

2. 如何根据体形“取长补短”

要使同色调的衣服看来有区别。同色不同质料的衣服，可以搭配得很出色。上衣应比下衣的质料厚重。

上衣应以浅色为宜，因为浅色会吸引人的注意，使别人注意你的上身，这样你就能显得高些。

避免穿质料硬的裙子，因为质量太厚硬，会使人看上去很臃肿。

选择直身上衫。上衫胳膊不宜过阔。斜膊的款式若质料柔软，无缝合线，也能收到增高的效果。

颈上加装饰，或戴一对漂亮的耳环，都能有助于增高。

选择衣服或裙子时，最好选择带竖条纹图案，但同是竖条纹，细条纹要比宽条纹显得纤细。同样，小格纹要比大格纹效果好。

小而密的水珠图案，加上得体的服装款式，可以令人看来显得个儿高。

线条集中在胸部，能起到显高的效果。集中在胸部的布带线条十分突出，即使褶子多的连衣裙也能显得苗条。

不要夸张腿部，袜子和裙子的颜色对比度不要太大。

鞋子的高度要适合，这能使你显得亭亭玉立。但高跟鞋超过10厘米，就会破坏身体的平衡及衣服的比例，反而不美。

3. 小巧玲珑女孩穿衣法

如果你身高1.6米以下，那你就要注意用衣着及饰物去增加你给别人的视觉高度了，但也不一定非要穿长衣或高跟鞋。

矮小的女性的全身服装色调最好相同或相近以修长身型。上下身不同颜色的衣服也可以穿，但要注意身材比例，最好上浅下深，把别人的注意力引向头部或肩部。同色的鞋和袜，或式样简单、狭长的裤子可使腿部看起来修长，以增加身体高度感。高跟鞋的式样宜斯文大方，丝袜不宜过花过浅。

衣裙套装，上衣或外套的长度最好在臀部最宽处三厘米以上，或刚刚长及腰部，这样会使人看起来较高。裙子上千万别摆饰有印花或绣花等，以免穿上后显得又矮又胖。衣料可选择柔软贴身的那种，使你有种颀长的感觉。衣料的图案花纹宜小而碎，颜色不必太抢眼。

直条、单襟、直褶都适合矮个子的你。而捆边、脚花、所脚裤、带子缚上足踝的鞋子都应避免，横线条更应杜绝。佩戴的珠宝饰物不宜过大，丝巾或领带会使人看起来文雅而修长些。矮个子女性不宜留长长的散发。

4. 体形偏高者的穿着方法

这里讲的体形偏高者是指那些又高又健壮的女性。如果体形高而偏瘦，如模特般，什么衣服穿在身上都很合适，而过高又健壮，趋于胖而较显眼，就需要在穿着上做些调整。

针对女士而言，高大丰满者着装以舒适为主，不宜过分贴身，更不可为时髦而穿根本不适合自己的衣服。在色彩和样式上，宜以着暗调子的为主，少穿大花、横纹的上装，以碎花、几何图形，或者直条纹为佳。选择裤子要刚好合身，不可松松垮垮，直筒裤是最合适不过的了。另外，身材高大的女性不该同时穿好几件衣服，即使非穿不可，也要选择薄质的面料，切忌把厚暖的衣服穿在身上，否则会使身材显得过于粗大臃肿。在服装面料上，体形偏高者应选择质地挺括、厚薄适中的面料，太厚太薄的衣料都不适合。高胖者应该选择较为宽大的衣服，高瘦者则应选择稍稍紧身的服装。这两种人都不适合穿有宽条纹图案的服装。上衣的口袋最好采用贴袋或有袋盖的式样。如果穿套装可考虑方格花纹面料。

选择裤子时，西装裤可在前身打褶裥，裤脚也可反折，这样才能显得匀称。不过在选择具体的服装时，也不能太教条。因为每个人都有自己的特点，穿衣之道也不仅仅是怎样掩饰自己缺点的问题，还应多多突出自己的优点。高胖的人要突出自己的魁梧、伟岸，可选用质地挺括、细条纹的衣料去做。高瘦的人要突出自己的潇洒，可选用浅淡的色彩，稍带饰物的服装，让优点成为你服饰的主旋律，这样就集中了别人的视线，自然淡化了你的缺点。

5. 体态丰满女性着衣风韵

不要以为身材苗条的人才是“衣服架子”，事实上，身材丰满的人如果掌握了穿衣要领，也会别有风韵的，以下几点可供参考：

应选择面料柔软而挺括的，忌太厚或太薄的料子，因厚料有扩张性，会使人显得更胖；太薄则易显露体形。

色彩以深色为佳，因为深色有收缩感，会使人显得瘦削。

体态丰满的妇女应选择小花纹与直条纹的衣料。

把较明亮颜色放在上身，能使人不注意你体态较差的下半身，身穿高腰裤可使臀部看起来瘦小一些。

体态丰满的人一般有脸盘大、颈粗短的特点，而穿窄小领口和领形的衣服会使脸形显得更大，应选择宽敞的开门式领形。船形领有使肩膀看来较宽的作用，能与肥大的下半身成协调平衡的视觉效果。

避免穿过于贴身的毛织服装，那些带静电而贴身的套裙或贴身衣服容易显现线条，胖人应忌穿。

穿衣系腰带，会给人以臃肿笨重之感。

穿裙应选择侧边开叉的半截裙，垂直线条再加上令腿半隐半现的裙叉，能使你的双腿看起来更加修长。

穿鞋应选择线条简单、细跟或有尖头的鞋子。袜子的颜色要与鞋子相配合，加长腿部线条的感觉。

皮包肩带的长度不要刚好落在臀部的最宽大处，这样会使本来肥大的臀部显得更大。

6. 肥胖女孩着装窍门

肥胖的女孩常常为自己的身材苦恼，不知如何穿着才漂亮。其实，只要成功地运用颜色的搭配、设计的技巧，便能装扮出迷人的风采。

暗色圆领的外套加非褶裙可添加优雅感圆领外套加非褶裙的装扮，可显示纤细的一面，白色衬衫是重点的点缀，给人清爽的印象，整体看起来也会不失优雅。

连衣裙、袜裤和饰品统一为黑色，表现外套的细致穿单件西装外套时，以黑色的连衣裙、袜裤、鞋子、手套、帽子、手袋作组合，并以金质项链来点缀，表现外套的细致，更使你在神秘之中显现出迷人的身段。

在飘逸的白色圆裙上，搭配合身的上衣想穿着白裙子时，圆裙比长筒紧身裙更能掩饰过胖的身材。合身的深色上衣和白色大圆裙，巧妙地衬托出纤细的腰身。一串复古的长项链点缀，使你成为韵味十足的淑女。

塑身增添女人曲线美

最美的女人，体态肯定也是优美的，也许她体形略胖一点或瘦一点，但是体态一定是优美的。人体的骨架由206块骨头组成，骨质支撑了你全部的血肉和灵魂。体态正而挺拔，是基本的要素，正确的体态不仅是视觉美的基础，也表现出了女人对生命的态度和对未来的追求。

身心和谐的女人，体态是柔和舒展的；积极进取的女人，体态是挺直端庄的；心胸豁达的女人，体态是雍容饱满的；优雅高贵的女人，体态是动人的；善良温柔的女人，体态是柔美感人的。体态是女人灵魂和内在精神的物化，女人的体态、品质和性情应该是和谐配合的，寻找和修炼适于自我风格的体态，是女人美丽的又一门重要的优美修炼课程。

女人有静态和动态两种美的形态，女人的曲线、质感、举手投足是最为动人心魄的美，是在两种状态中交替得以表现的美，形态美要从人体的几种基本姿态开始。

你在家里应该安有一面足够大的镜子，经常在镜子前练习最佳的基本姿态。注意如下的体态问题：

（1）随时注意收腹挺胸。

（2）感觉脊椎、胸背、尾椎呈一直线，向上牵引，头部朝天。

（3）提拉颈部，舒展盘骨，使颈椎引导脊椎，处于正确的姿态。

（4）无论是站、坐、行、蹲、抬头或是低头；腰、胸、背部都应尽量保持挺直，体态是女性气质所在，挺拔和舒展是表现的状态。

（5）避免不良的体态习惯，比如斜肩、驼背、隆腹、罗圈腿、内外八字等。

（6）体态保持端正，动作和谐，避免怪异动作。

（7）梳理和疏通体内气息，促使内分泌系统正常有序，保降良好和健康的身体机能。

（8）学习正确的体态知识和形体礼仪，诸如如何就坐、如何行走、握手、举杯、交谈、接待等姿态的礼仪常识。中年女性要把保持体形当做很重要的一件事情看待，虽然控制重量的难度远远高于减重的难度。减重和控重的区别在于：减重是阶段性的；控重是长期的，年复一年的。不少女性能够减重，却很难坚持控重，一旦心血来潮，又是吃减肥药，又是做减肥疗程，几乎绝食，虽然在短期内也许大有成效，但难以坚持下去，不仅不能保持好的体形，还可能有害身体健康。

保持体重不是一朝一夕的事，首先你要给自己制订一个饮食计划，根据自己的形体条件，非常严格地执行这个计划。你的计划不能过于复杂，复杂了是很难坚持的，以下三点是你必须注意的：

1. 长期控制食量

年轻女性的食量还可以掌握在七八成饱，中年女性七八成饱是大大偏多了，食物中只要包含了适量的五大营养素，就不能再多了，不足的方面可通过补充维他命、微量元素等高品质的健康食品来弥补。坚持控制食量是件极难的事情，不少女人可以坚持一餐两餐或者一段时间，之后大吃一顿，这是控制体形的大忌。胃是有伸缩功能的，当你的食量长期保持在一个范围内，胃的伸缩也在一个平衡状态下，你不再有过多的饥饿感，控制体重也成为良性循环。

2. 避免高脂肪和过油的食品

如果年轻女性体形还算不错，可以稍微享受一下这类美味食品，中年女性则是要极为控制的。女人要美一定要有毅力，形体几乎是你最有能力掌握的美，千万不要在满足和放纵一时口感中断送了自己美的前程。

3. 建议戒掉甜食

尽管巧克力的芳香、冰激淋的美味还是很有诱惑力，但是看一看、欣赏一下也就算了，最多放在舌头上品一下，也算是很享受了。

饮食是控制体形非常核心的一个环节，另一个核心环节是长期坚持充足的运动。身材保持好了，的确是一件很愉悦的事情，轻松、敏捷、干练。在现实生活中我们发现，那些能够控制饮食、控制体重的女性，尤其是中年女性，她们往往比较少见高血脂、高胆固醇、高血压等疾病。有一种理论不是这样说吗：一个人一生摄入的食物量是一个定量，在你的前半生不管不顾地饕餮了，那么后半生势必要以严重节食来作为补偿。为了健康、为了美，我们为什么不有所节制地“细水长流”呢？不过，控重仍然是要以健康为前提的，一定要注意营养的搭配和均衡，因为只有健康的女性才会是充满活力的，这份活力将为你带来好脸色、好气色、好身材和众人羡慕的眼神。相信我，更相信你自己，让我们一起做健康鲜活的新魅力女人。

聪明女孩穿衣“表里如一”

女孩的美丽不仅要相貌好，气质佳，身材也要好。要想有玲珑有致的线条，做个“表里如一”、完全漂亮的女孩，除了注意饮食、运动外，合体的内衣也是达到窈窕不可忽略的重点。因为内衣是女人的第二层皮肤，是女人最亲密的伙伴，是知己，是密友，聪明女孩的美丽从内衣开始。

据统计，女性拥有比较完美体形的只有5%，但也只有5%的女性体形令人担忧，而90%的女性体形虽不完美，但可以通过选择与身体相适应的内衣进行调整，使其趋于完美。所以女人在选择内衣的时候就需要多花点心思。

再者，好衣服一定要有好内衣来配。曾有过这样一个报道：某位好莱坞著名女星在参加一个盛大的晚宴时，穿了一件名师设计的豪华晚装，赢得了全场喝彩，可只有她自己知道，那一晚上她都在提心吊胆，因为她穿了一件不合适的内衣，她时刻都在担心那件内衣的带子滑出来。可见内衣的穿着的重要性。

那么，在选择和穿着内衣时，你有没有犯过以下错误呢？

内衣尺码不合适：内衣尺码太大，松松垮垮地穿在身上就像没穿一样，无助于你的体形。但也不是尺码越小越好，生活中一些女性为了突出曲线而穿戴紧束的内衣，这样的内衣会在身上勒出印痕。一段时间后，因紧束而勒在内衣外的肌肉会就会向下慢慢沉降，形成赘肉。

内衣款式不对：内衣的款式不同，其实际功用也不同。如果你忽视这一点，只考虑内衣漂亮的外观，那么，这种美丽的东西就会慢慢蚕食你漂亮的身材。有经验的设计师会针对千差万别的身材设计出功用不同的内衣。如胸罩，有全包式的、斜包式的、半包式的，或者是有托衬的、无托衬的等，有的托衬会用到钢丝，并分出不同的长短宽窄来。如果我们只注重内衣的颜色，或只为它的花边所吸引，那么就有可能选错款式。

内衣质地不良：内衣要有包容性，才能有效地给乳房和臀部以托力。有时内衣具不具备这种特性，与组成内衣的材料及材料的组织结构方式有关。用针织的方式来组织材料，不管用的材料是真丝的、全棉的、化纤的、混纺的，都会使它们产生很强的伸缩力，即弹性。双层结构的针织面料其弹性又强于单层的。花边状、网状等组织结构方式的内衣，明显缺少弹性，没有包容力。针织的全棉面料最富弹性，而且耐用。

内衣失去生命力：内衣不管当时购买的时候多么昂贵，都是有生命力的，即在穿、洗、晾、晒的过程中会慢慢失去原来的功用。胸罩的生命在于它的底边，底边一旦松弛，就应该放弃了，因为底托不平会慢慢造成两个乳房不对称的后果。没有生命力的内裤会明显地失去弹性，宽松的底边对臀肌失去承托作用，而使其自然下垂。当内衣已经失去了生命力的时候，而你还在使用，这不仅无助于你塑造体形还会起反作用，所以内衣要及时地除旧布新。

聪明的女孩要爱自己，如果你犯有以上任何一个错误，为了美丽，请你及时更正，做“表里如一”的女人，这是享受生活的一种方式。

在选购内衣要注意以下几点：

(1) 买内衣一定要试穿。只有“贴”在身上了，才能看出款型是否合适。

(2) 各种款型的内衣，深色、浅色至少各一件。全杯、半杯、3/4 杯的胸罩适合不同的外衣，夏天尤其需要不带肩带的胸衣，为了搭配深浅不同的衣服，内衣也要准备好相应的颜色。

（3）敏感型皮肤的人一定要买纯棉的，否则容易起疙瘩。

（4）内衣的保养也很重要，洗内衣尤其要细心。洗衣机是绝对不能用的，即使现在有了内衣清洗袋，还是手洗不变形。有一种专用的小刷子刷洗效果很好，还不损坏内衣。

（5）内裤买大不买小。因为买小不仅穿着不舒服，勒得难受，更会破坏臀部的曲线。

内衣不仅关乎外在的形象，更是关乎健康，所以，挑选一件合适的内衣不仅能修身美体，还能让容易变形的身材保持一份挺拔。没有好内衣，外面那一身“行头”往往穿不出好来。有一件好内衣，外面的衣服即使很便宜，也能穿出好的“型”来。

做一个性感魅力的小美女

性感，在于它能引发一种性的吸引力。性感这回事，放于不同的女性身上，自会散发出不同的味道或产生异样的效果，就要看其散发的形式是否高明及是否有意境。如朱茵式的性感、周海媚式性感跟宫雪花式性感便给人截然不同的观感。

谁说只有美丽、丰满、野性的女人才性感得起来？最耐人寻味的性感从来都是超越视觉，成之于内而形之于外，先天之外，亦得靠后天一点一滴的经营与解放。问题反而是，追求及表达性感不会有违今天的新女性价值观吗？看以下各种性感新主张，你自会对性感有全新的视野，并能从中学会使自己更性感的方法。

另外，有不少女人误把肉感作性感，又或太着急地表现性感，太张扬地搔首弄姿，殊不知，更高境界及富美感的性感，才是杀人于无形的“性感在骨子里”。

时至21世纪，越来越多的女性都只为讨好自己而不单为讨好男人而性感。正如今天的女性爱好打扮只为“自我感觉良好”，女性刚醒来时的一对惺忪睡眼、喝酒后的绯红何尝不性感？而这正是构成美感的元素，故性感有何要压抑之理?!

看过以下的种种性感新主张，你自会更懂得从内至外、从头到脚去发掘、释放及表达你潜藏着的性感魅力。

1. 自我触摸小动作

新性感指数已超越视觉、身材或是暴露多少的问题，它是一种“全感官”的表达与享受。如花灿烂的笑脸，天真或带媚态的眼波，沉溺于思考或想象时忧郁或出神的意态，乃至语调都是较内敛的性感。

法国人就是深得流露性感味的民族，一则法语被公认为世上最性感的语言，二则法国人善用身体语言，如眼神、面部表情丰富。在各式身体语言中，不经意的自我触摸正是最叫人销魂的小动作。如不经意地咬手指、托腮、不经意把头发潇洒地向后拨，双手轻轻地捧着脸庞、无奈时耸耸肩膀、交叉双手轻抚着肩头或后颈，以及把手伸到毛衣内等都是些妩媚的小动作。曾演《海角惊魂》、《天生杀人狂》的 Juliette Lewis 就最擅长此道，难怪她被很多导演视为烫手的新性感演员。

2. 添一点异国情调

异国情调不一定只能吸引西方人，很多人都会被异国情调中那份遥远、野性及神秘等的异味吸引着。

3. 感性与性感

从来性感与感性都是相辅相成的。一个感性温柔的女人，无论思考、语调，一举手一投足都更细腻和更具感染力。

4. 添一点醉意

微微的醺醉不但为面颊添上绯红，为眼神添上份朦胧美及柔和美，亦能释放出美丽。

5. 性感特区戴配饰

女人身上有多个性感特区如脚踝、耳、肩膊、后颈、手臂、颈项等，所以，在脚踝部位带条小幼绳、小脚链，在耳珠吊个大耳环或小圆圈，在手臂上带个臂环，戴条精巧的项链，都能令女人的性感指数明显地升高。

6. 穿细跟凉鞋

女性的脚踝及脚部早已被性学专家认为是重要的性征，而凉鞋及高跟鞋向来就是女性用以张扬腿部性感的武器。男性喜欢凝望女性穿着凉鞋时裸露的脚踝、穿高跟鞋时婀娜的姿态，已是女性不甚介意的公开被偷窥行为。顺带一提，据东西方性学研究人员研究，经常穿高跟鞋（当然是合乎足部健康的高跟鞋），会令腿部内侧的肌肉更结实。

7. 牛仔裤

大部分的牛仔裤广告都是卖弄性感，牛仔裤广告经常投射的不羁与我行与我素的形象，其实某程度跟性感都有份微妙的关系。比如 Esprit。可见牛仔裤对经营性感的能力，曾经为 Levi’s 趴在地上卖牛仔裤广告的钟楚红，都是穿了剪裁完美的牛仔裤而令性感指数倍升哩！

8. 涵养野性的心

若你不是外表野性，涵养一份内心的野性其实一样叫人觉得你充满刺激乃至有份神秘感。

9. 弹奏或跳舞

玩乐器及跳舞的人总会流露一份夹杂着性感的感性与温柔，而这份意念其实比性感更诱人。其中尤以男人弹琴、吹萨克斯、女性拉小提琴或大提琴为甚，女性跳西班牙舞、探戈时流露的委婉或冷艳眼神，就更能杀人于无形。

10. 善用眼波流转

秋水翦瞳与微丝细眼其实都各有表达性感的眼神。无论是忧郁的、迷惘的、缥缈的、懒洋洋的、天真带笑的或眼中藏着火焰的，只要有神有韵及充满流盼，眼波便是性感的发源地。

11. 沉浸无边思海中

很多人虽其貌不扬，但一旦沉浸在无边“思海”中，脸上自会不期然地多了一份韵味。那些把眼神抛得远远，嘟着嘴或微微侧着脸、托着腮的表情就更惹人多望一眼。

12. 肤色健康

凝肌胜雪的肤色固然如新鲜树上熟的桃子，叫人垂涎，但一身阳光肤色配上合度的身形，何尝不能散发野性的性感。

13. 心底的那个孩子

曾经，西方流行冷酷性感，但主张返璞归真的大趋势下所拥抱的性感却是先让内心有若孩子般的好奇、天真与热情，你才能在眼神里流露夹杂着纯真及孩子气的另类性感。事实上，碧姬芭铎、玛莉·莲梦露、莉芙泰莱等本身都很孩子气及有张孩子脸，再配合其魔鬼般的身材，凑在一起便是性感。

14. 率性而为

除非你天生冷艳不可方物或清高得不可高攀，否则，不敢或不愿外露真我个性，无可无不可，凡事抱不冷不热、温吞姿态，又处处约束着情感的女人，大概性感极有限。而敢爱敢恨、想发嗲便发嗲、想哭就放声大哭，对生命充满热情与敏锐的女性会显得更具感性的性感。

第四章

20几岁女孩无法改变出身，但可以改变命运

在现实中，有许许多多的女孩，她们却总是相信自己的一切冥冥之中早有决定，并非是自己所能掌控的。于是，她们安于现状，得过且过。其实，20几岁的女孩，你虽然无法改变自己的出身，但只要你能够改变现在的一些想法、一些习惯，你就能改变自己的命运。

第一节 关爱自我，做自己的美丽公主

爱自己是浪漫人生的起点。作为女孩，你一定要学会爱自己，精心经营自己的美丽，储藏自己的精力，关爱自己的健康，呵护自己的心灵，使自己无论何时何地、遇到何事何物，都能淡然而从容。

以“自我为中心”的女孩最聪明

现实生活中，有这样一种女孩：她们一旦认准了某个男人，就会全心全意地付出。为了给男人买 Armani 的西装，自己甘愿穿从地摊上淘来的廉价货；为了让男人吃上可口的饭菜，自己情愿忍受着讨人厌的油烟味，“泡”在厨房里反复锤炼厨艺；为满足男人的事业野心，情愿放弃自己喜欢的事业而做他背后那个默默无闻的女人……

为了让男人永远地爱自己，永远在自己身边，她们抛弃自尊，抛弃独立，甚至抛弃自我。可是，她们不曾想到，越这么做越有可能被“忽略”。

“你爱我哪一点？”女孩勾着男孩的脖子，撒娇地问。

“嗯，我爱你温柔、乖巧、体贴、善良、美丽……”男孩明白，只要把这些美好的词汇一一罗列，哪怕说上三天三夜，女孩也不会觉得腻。

天真的女孩相信了男孩的话，她单纯地认为，这就是自己吸引男孩的真正原因，所以不断努力，让自己变得更温柔、更乖巧、更体贴……她全心爱着男孩，以为只要自己变成了男孩口中的“完美女孩”，就能将男孩牢牢“拴”在身边。

然而，女孩越努力，男孩越不满；女孩越爱男孩，男孩越想要逃离。一次争吵过后，男孩平静地说：“我们分手吧。”女孩吃惊地望着男孩，过了许久才问：“为什么？”

“因为，你的爱让我窒息。”男孩顿了顿，接着说，“我知道，为了我，你付出很多，放弃了工作，和父母也闹翻了，整天就围着我转。可是，我是个独立的人，不想让你像影子一样缠着我。”

“可是，我这么做，还不是全都为了你？”女孩委屈地说。

“是啊，你这么做全都是为了我，那么以后，请你也为自己考虑考虑吧。”男孩说完，头也不回地走了。

女孩怎么也没有想到，她全心全意地爱着男孩，她爱男孩胜过爱她自己，可是，男孩竟然这么绝情地抛弃了她。她该怎么办？

“或许，只有死了，才能得到解脱。”她向好友哭诉道。

“何必呢？你以前错就错在太爱男孩，而完全忽视了自己。你什么都为他着想，任何时候都把他摆在第一位，连你自己都不爱自己，不把自己当回事，又怎么能奢求别人爱你呢？男孩说得很对，从现在开始，你还是好好爱自己吧。”

女孩心中美好的爱情之所以会有这样的结局，最根本的原因是她不够爱自己。生活中，这样的女孩不在少数。也许你会说：谁说我们不爱自己，我们很爱啊！我们会给自己买昂贵的化妆品，买精美的首饰、漂亮的衣服，去高档浪漫的餐厅享受美食……这的确是爱自己的表现，但这仅仅是在没有男人的日子。一旦男人走进你的生活，你还会这么肆无忌惮地爱自己吗？一旦有一个男人走进你的生活，你是不是爱他胜过爱自己？比如：男人一句“我饿了”，你是不是马上放下手中的眉笔，带着化了一半的妆乖乖到厨房煮饭？

聪明的女孩会将对自己的爱凌驾于一切“爱”之上，她们以自我为中心，爱自己胜过爱任何人，她们会非常清晰地给自己一个定位——No. 1。不管是男人、事业，还是其他的一切，统统靠边站！

以自我为中心的聪明女孩，不会逃避自己，她勇于接纳现状，创造独处之乐。美丽的孤独不再代表欲求不满的挣扎，而是出于自由意志的选择：我就是自己的公主，不需要被王子拯救。

以自我为中心的聪明女孩，不会总把别人摆在第一位，就算自己的付出没有回报，也不会心生怨恨，因为改变世界的力量握在自己手中。让孤独成为自我量身裁剪的蚌壳，总有一天，心能如珍珠般熠熠生辉。

她们或许不够有钱、不够漂亮，人生也不够完美，但是，在这并不完美的人生里自己却是绝对的统治者，可以想哭就哭、想笑就笑，不用看别人的脸色，更不用听别人的使唤，这份随性和惬意才是聪明女孩最看重的。

把爱自己当做女人的第一功课

歌剧《水仙女》是捷克作曲家安东·德沃夏克根据剧作家亚罗斯拉夫

·克瓦皮尔创作的脚本作曲的一部抒情童话歌剧。描写的内容是：

在大森林里的一个湖中，住着一位水仙女，她爱上了一位英俊的王子。为了变成人到人间去和王子相会，她只好去求助女妖。女妖对她说可以满足她的要求，但她必须变成哑巴，同时，一旦她失去王子的爱，就必须永远生活在湖的最深处，而且王子也将遭到不幸。水仙女来到人间，也的确与王子相爱了，但就在他们举行婚礼的那一天，王子却爱上了作为来宾的邻国的一位公主。水仙女痛苦万分，只好遵守诺言，半人半妖地回到湖水深处。不久，王子后悔了，他来到湖边呼唤水仙女，并请求得到她的原谅，但一切都已经太晚了。虽然王子忏悔地亲吻了水仙女，但是最后王子死在了湖边，水仙女抱着王子的尸体沉入湖底。

歌剧中的水仙女为了爱情而活，为了和深爱的人在一起，不惜抛弃自己仙女的身份，变成凡人去爱，结果却是飞蛾扑火的结局。

现实生活中的20几岁的女孩，你又在为谁而活呢？

有一个家境贫寒的女学生，因为父母担心她考上大学之后就会成为家里沉重的负担，因此希望她高中毕业后能够早日工作赚钱以贴补家用。但是，她却坚持入学，靠着奖学金和打零工维持自己的大学生活。两年后，当弟弟考上大学却凑不足学费的时候，父母怂恿她休学，并把存下来的学费拿出来给弟弟花用。她却坚持说，一定要将书念完，自己不能随便休学，但她愿意把缴完学费后所剩下的余额给弟弟花用。无奈之下，父母最终还是借钱帮弟弟缴了学费，而她却被人说成是“狠毒的人”、“只顾自己的自私鬼”。辛苦地完成了大学学业后，她成为一名护师。

六年后的某一天，她拿出了一大笔钱，请她父母搬到一处更大的房子居住。父母亲惊讶不已，对她说：“还是拿这些钱准备你的婚礼吧！”看着父母还给她的存折，她笑着说：“你们以为我会连结婚的钱都没准备好，就给你们这些钱吗？”正如她自己说的那样，她自己的婚礼费用早就已经准备好了。从此之后，她所到之处，大家都会称她为“孝女”。

现实生活中，有很多这样的女孩，要从拼命工作得来的月薪中，拿出大部分的薪水给父母或者兄弟姊妹花用，剩下的薪水根本所剩无几，甚至有些女孩还会提供资金帮助男朋友求学，大多数金钱都是有去无回，还没等到男朋友有所回报，自己却早已累得筋疲力尽了。

这样辛苦地工作，留给她的只有几句夸她善良的好话，以及剩下的没有存款的存折和迷茫的未来。

聪明的女孩绝没有这样慷慨，不会为了他人而牺牲自己。她们会把原本送给别人的金钱投资在自己身上，即使别人会说她是一个“自私鬼”，她也要先为自己的成长投资。例如，选择不拿第一个月的薪资给父母添购新衣，却下定决心报名参加计划已久的英文课程；不帮男朋友赶一篇重要的报告，也一定要参加公司的学习研讨会。

20几岁女孩要明白最重要的一条法则：在自信、自强之前，先要自爱。爱自己，有太多的理由，也有太多的方式。女人应该学好这样一课：在爱别人之前，要先学会爱自己，学会怎样保护自己，怎样让自己活得精彩，不成为别人生活的附庸。

“我很不快乐。”一位年轻女孩的声音。“为什么呢？”“我总觉得自己不如别人，做事总做得不够好。”“你能说说是哪些事吗？”“比如这星期有门课程的论文我写了，但担心自己写得不好。老师要求课堂上进行答辩，我非常紧张，觉得自己答得一团糟，班上的同学却觉得我回答得还挺不错，虽然这样，但我仍觉得很沮丧。”

“新的一年又到了，”一位少妇温和地抱怨道，“可是我却不知道自己的新年有什么新希望。曾经，我的座右铭是‘知足常乐’，但我看到的自己，却是如此的不满现状。老公很疼我，但我就是觉得自己缺少了什么；我对宝贝儿子的要求，也不由自主地越来越严厉，越来越没有耐心，可是在乱发脾气之后又常常自责……为什么我对生活的感觉变得这么坏？”

生活中，类似于这两位朋友，因对自己不满而陷入痛苦的现象太常见了。每每这时，我们就应该好好反思这样一个问题：我们懂得爱自己吗？

我们常常会听到身边的朋友说，她们很不喜欢自己，因为自己的容貌没有他人的好看，身材没有他人的纤美，能力没有他人的出众。她们觉得自己做人很失败，希望自己能成为别的任何人，就是不想做她们自己。

我们想想，一个连自己都不能接受的人会爱自己吗？一个不懂得爱自己的人，会真正懂得去爱他人、爱这个世界吗？

聪明女孩“偷工减料”，放松自己

有些女孩不单拥有漂亮的外表，还拥有非凡的心志。她们懂得不能将自己的经济大权拱手交给男人，这样她们会失去更多经济以外的权利。因此，在爱情之外，她们会全心全意地投入工作。拥有自己的生存能力，这已经成为大部分女孩工作的直接动力。

然而，不是所有的女孩都是女强人，大部分的女人都无法在事业和家庭之间做到游刃有余，工作、家庭让她们疲惫不堪，于是开始抱怨男人和女人的不公平，抱怨自己活得太累。

琪琪是个做事一丝不苟的女孩，只要是交代给她的任务，她准会分毫不差地完成。正因为如此，琪琪成就了别人，却累坏了自己。

尽管不愿放弃同家人的享乐时间，可为了尽善尽美地完成自己的工作，琪琪不得不把自己的私人时间挤得满满的，有时甚至连看看电视、听听音乐都是一种奢侈。

琪琪自己也常常感觉疲惫，但又很无奈。工作和家庭，要她放弃任何一样她都舍不得，几年下来，她都是靠少睡觉、少休息、多干活撑过来的，以至于用着名贵眼霜的她还是有明显的“熊猫眼”。

琪琪是无数想要兼顾事业与家庭的女性的典型代表，她们欣赏自己的能力，同时又想要将其无限发挥。她们认为，只要自己肯努力，拥有完美的家庭、完美的事业并不是什么难事。

想要完美并不是件坏事，但过分的苛求完美只会造成女人的心力憔悴。任何完美主义者都是不断地给自己设定十全十美的目标，又一次次在不能做到最好的结果中叹息失望。

无论是对待难缠的上司、温柔体贴的恋人，还是踌躇满志的事业，聪明的女孩懂得怎样让自己松一口气，她不会让自己变成一根绷紧的橡皮筋，在工作中“偷工减料”是她们惯用的伎俩。

在工作中“偷工减料”，最简单也最直接的办法就是卸下心中的重担，从心态和身体都让自己变得轻松一些。

心态上“偷工减料”。即使没能做到最好，甚至做得有些糟糕，聪明女孩也不会跟自己过不去，过分地谴责、为难自己。“没心没肺”是她们最好的态度和表现。既然已经发生，谴责是没用的，更何况还要谴责自己。人生本来就是由无数个不完美组成的，如果事事都能够做到最好，你以为自己是什么，神仙吗？

行为上“偷工减料”。工作累了就泡杯咖啡，站在窗口欣赏一下窗外的风景，何必要纠缠着工作不放？如果有同事经过你身边去复印文件，请他代你复印你需要的东西，为什么事事都要亲力亲为呢？聪明女孩总是能给自己一个好的理由去休息，也总是善于发掘最好的时机利用别人来为自己做事。在工作上，无论过程和结果，她们都不会为追求完美而乐此不疲。

聪明的女孩在工作中“偷工减料”，并不意味着她们是玩世不恭地对待工作。事实上，她们更懂得应用策略，花费最少的力气得到最满意的效果。如果从挤牛奶到将它们包装好只要一个人来完成的话，那么伟大的分工就失去了意义。

聪明女孩深知分工的重要性，而她们也会巧妙地把最重要的工作分给自己。当她们用更充足的精力来完成最重要的事情时，不但能够得到令人满意的结果，还能够节省大量时间和精力。

怎样才能够找到更好的工作方法呢？

1. 建立目标施行管理。有目标，随之才会有切实可行办法，也能够让人明确一种前进的动力。因此，在实施一项工作之前，建立目标就成为要事。

2. 记录工作时间。将你的规律性工作所耗费的时间记录下来，这样可以一目了然地了解你的时间都用在了什么地方。让你的脑中呈现出一个清晰的思路，这对于改进工作方法十分有利。

3. 工作的时候全神贯注。当你工作的时候想着去哪里郊游，而郊游的时候又念念不忘办公室里没有完成的工作，这样只会让工作和娱乐都浪费在干扰上。所以，工作的时候就要保持全神贯注，这样才能够在最短的时间取得最佳的效果。

4. 做“一举几得”的事。每个人都会有这样的经验，出行前考虑一下自己要办的事，然后会在去一个很远的目的地的途中“顺便”做一些同样需要做的事。在你的工作中也可以利用“顺便”原则，不要将时间浪费在无止境地跑来跑去的过程中。

把自己当做公主来宠爱

一个人所受到的待遇与自己的处境有关，但也会因为不好的待遇而改变自己的处境。如果周围有很多人抬举自己，那么我也会变得信心十足。但如果自己都不善待自己的话，无论在何时何地，都不可能受到别人的礼遇。

聪明女孩经常把自己当做娇贵的公主。无论在什么情况下，都不要让自己感到悲惨和狼狈。一个躲在墙壁前吃冷便当的女孩，也许是不想让别人看到自己狼狈的样子。但是，狼狈完全是可以避免的。聪明的女孩，即使是自带的便当，她会找一个温暖的休息室里，找一个座位舒服地吃一顿饭。

把自己当做娇贵的公主，和人们所厌恶的“公主病”不一样。公主病带着一种要求别人侍奉自己的自负感，而把自己当做公主来宠爱，是让别人主动来侍奉、抬举自己。

爱自己也要像爱恋人一样，需要适当地“表达”出来。就像恋人为自己准备了一桌可口的饭菜，或者送上精美礼物时感到的幸福一样，爱自己的心情也只有用行动表现出来，这样才能够增强本身的自尊心，进而加强自信心。

不论是谁见到素沁，都觉得她是一位富家千金。她是一家杂志社的记者，虽然工作非常自由，她却从不散漫懈怠，对待比自己年少的晚辈，也从来都是以礼相待。她积极的生活态度，时刻都在证明她是一个十足的贵族。因此，人们对她的态度自然不敢过于随便、敷衍。

更为神奇的是，虽然她算不上美女，但人们愈看愈觉得她漂亮。她从来没有向别人炫耀过自己的外貌，但人们都像被催眠了一样，没有一个人不说她是个大美女，连我自己也是这样认为。

虽然她从来没有说过自己是一个美丽且能力出众的人，但是她深切地自信自己就是这样的人，以至于周围的人也对她持肯定的态度。

虽然她年近三十仍然未婚，但她并不在意公司同事的非议，最终嫁给了一个条件相当好的男人。现在，她的事业和家庭都发展得不错，生活得十分精彩。

直到不久前，大家才知道素沁并不是出身富家，相反的，她在穷困的单亲家庭长大，从小与母亲及兄弟姊妹相依为命。她晚婚原来是为了照顾母亲和弟妹们的生活。素沁虽然出身贫穷，但她选择了做后天贵族，从而真正创造了贵族生活。

看到这里，一般都会认为“她老公一定是一个忧郁症患者或是虐待狂”。这完全是一种嫉妒的心态。素沁所获得的一切并没有超过她应得的，她只不过是长期把自己当做公主努力生活着，最终得到了做真正公主的机会而已。

千万不要被“活得有分寸”、“生活要朴素”这类忠告所迷惑。为什么明明渴望名誉和财富兼得的人生，却又把它们当做过分的欲望需求？如果你渴望某一种生活，不要认为只有好命的女人才能得到，而要相信自己也一定能够得到。

不要只看现在的处境，未来也许会因为自己目光短浅而受到禁锢。命运是完全可以改变的，不要忘了，你才不过20几岁，还有很长的时间可以让自己成为公主。成为公主，不一定非要有钱，也不一定非要有一个对自己百依百顺的王子。只要有运气，人人都可以拥有金钱和王子，当然，前提是你要先把自己当做公主来对待。

20几岁女孩，从现在开始，试着偶尔为自己做些可口的佳肴，在辛苦工作之后，给自己买点礼物作为补偿。不要模仿市井小人的行为，也不要胡乱穿着、打扮，总之，不要让别人看低自己。这并不是教你傲慢到让人讨厌，而是教你怎样善待自己，让你成为一个潇洒的、四处都受人尊重的人。

第二节　聪明女孩改变心态，改变命运

现代快节奏的生活工作，给许多女孩带来了巨大的压力。压力造成的心理问题越来越多，对女孩的健康来说是非常不利的，所以，积极应对压力、放松心灵，是20几岁女孩首先要做的事情。

用自己的方式应对压抑

你所能感觉到的各种压抑是：丧失自尊心，自卑、气恼、内疚、自我怨恨、厌世，以及觉得孤立无助。这些互相矛盾的情感混合在一起就会产生忧郁，而克制忧郁就可能会导致压抑。这时，压抑感的效用可以掩盖、克制、冲淡和压抑住忧郁本身。然而，除了这些作用，它同时又重新带来不可避免地会产生忧郁的所有有害情感。

解决压抑，首先要找到产生压力的事情。比如以下几点：

（1）我是否感到若有所失？如果是，是什么？怎样失去的？失去的是人、地位、声望还是自尊心？

（2）我感到气恼吗？对什么气恼？父母、朋友、丈夫、情人、孩子、兄弟或姊妹，还是对自己？为什么如此气恼？是因为我的一些愿望没有实现吗？

（3）我感到绝望吗？对什么绝望？对谁绝望？这种绝望有事实根据吗？能否从自己过去的经历中找出证据来证明这种绝望只是暂时的？

（4）我感到孤立无助吗？是否是真的？能否找到简单有效的办法来减轻孤立无助的感觉？是否已经探索了各种可能性？

（5）我是否有内疚感？如果有，那么对什么感到内疚？希望自己做些什么？自己还对另外什么人感到内疚？我自己能引起内疚吗？

（6）我是否在某些事情上怨恨自己？怨恨自己做的哪些事，或没有做哪些事？觉得自己是个可怕的人吗？如果有这种感觉，自己能找出证据来驳斥它吗？

（7）我陷于内疚矛盾之中了吗？我想在同一时间内做完全对立的两件事，还不想放弃其中一件吗？是否想把时间花费在自己身上，而同时又想把全部时间用于家庭？是否既不想卷入某人的事务，而又继续保持与该人密切却有害的关系？

（8）我怎样对待这些情感？抱住不放，还是设法冲淡？

以上可能基本上包括了你的各种压抑感，总之，要消除它们只能逐渐地、慢慢地来，一次解决一个。你还可以补充一些自己独有的压抑感。这也是建议你使用笔记本的理由之一。写上一个问题后，接着就写出你对它的想法。同样的问题可以问多次，并用各种不同方式来回答。

一定要记住，这完全是你自己的事，不要受任何规则的约束，由自己决定取舍，由自己对自身的存在做出反应。如果发觉自己产生了急躁情绪，就暂时停止，过一段时间再接着干。

你能为自己做的最重要的和最有益的一件事，就是看看你的愿望，或所认为的“应该”会对你的精神生活带来什么样的影响，会不会使你对自己和他人抱有不满。正确的认识不会奇迹般地立刻产生，你不会在半夜三更醒来说：“这正是我的问题的症结所在！现在我要彻底改正，今后的生活会比以前更幸福。”改变是需要一个过程的。当然，可能你能很快地看透一些具体问题，也能认真考虑重要的问题，朋友的看法也许能给你一些可供思索的材料。所有这些都是你检验和激发自己的好机会。

如果你幻想一夜之间就能解决自己的问题，你将不可避免地陷入麻烦之中。对自己也应厚道和宽容，确定目标要现实，不要苛求。改变有一个过程，恢复健康也是有一个过程的。在生活中，你将一天一天地增强竞争力和生命力。

自我帮助的最积极方法，是认清正在折磨你的不健康情感、压抑感，这些是你感觉到疲劳、冷漠、迟钝、烦躁、无聊或人生无味的原因。你必须鼓起勇气自助。一旦能明确一个问题并找出原因，你就能着手去解决它。以下是自助的一些要点：

（1）通过体育活动体验自己，健康的身体有助于自身精神健康。

（2）把气恼和不满发泄出来，这两种情绪的发泄都有助于消除压抑感。坚持把自己的情感记录在笔记本上。这些事情对你来说是最合适的，必须抓紧去做。

（3）仔细推想自己和自己的问题，如果可能的话，每天至少用半个钟头。例如坚持把想法记录下来，并去解决它们。是否沉迷在压抑感之中对你来说是一个重要的抉择。人们在绝望中越陷越深，这是常见的事，他们还可能从自己的痛苦中衍生出某种病态的满足，或者强迫他人接受自己无止境的过分的要求。有时，一个人看到自己的痛苦能引起身边的人极度苦恼和内疚，会情不自禁地认为保持压抑感是她向其他人进行报复的唯一手段。

（4）按照自己的愿望做出决定。正如我们已经发现的那样，一个有压抑感的女性通常都是按照她所认为的“应该”去行事。她并不考虑她的大多数行为是否真正符合自己的需要。她做任何事都不得不依靠其他人来推动。她不是一个有主动精神的人，但是，只要她逐步学会了计划和行动，她就可以是。

当你感到特别沮丧时，应尽量做些其他事情来振奋自己。修指甲、做头发甚至买支新口红这样的小事情，或出去看场电影等都很有效果。如果你是有了麻烦时就去做些使自己高兴的事情，这种办法特别有效。

（5）如果你没有工作，每天给自己安排一些事情是个极好的主意。不论是上街买东西，还是看本书，从事某项业余活动，约朋友共进午餐等都行。如果你有工作，计划好如何度过休息时间，相对来说也很重要。

（6）亲自动手做事。如修造个什么东西、缝件衣服、给枕头做个花边、干干园艺活、织条围巾等，这些都是有趣的和十分有益的方式。

（7）正视并消除你的矛盾心理。矛盾心理是你感到压抑的原因之一。请记住，矛盾心理与气恼和内疚一样，是压抑感产生的基础。为了恢复精神上的健康和活力，你必须去探查这些矛盾心理。

在“应该”上的相互矛盾，或在认为“十全十美”和“自我轻视”之间左右摇摆，也能使你产生压抑感。你由于追求完善而产生的失望（例如，孩子不如想象的那样出色或你的目的不能实现，以及达不到标准）会引起急躁和自我怨恨，而且这种急躁和自我怨恨又会被压抑感所掩饰。另外，在追求完善中产生的自卑还会导致产生屈辱感。

（8）过多的怀疑造成的想象是压抑感的一种征兆。但是，这种想象又是使你的感觉生动的一种办法，是对惰性的一种补偿。当你在想象时，应该问问自己：能不能使这种想法（假定是建设性的）产生结果，使它成为现实？另一方面，如果它是建立在依赖心理上的有害的或病态的想法（受虐待狂，或认为应由男人支配自己的感情的想法），最好不要想它，做做别的事，如与朋友聚会。这样，从眼前来说能使你增加教养，从长远看则将使你获益匪浅。

（9）在确定目标时，要注意不要想一次就解决很多问题，不要以为马上就能得到很多。当你对目标和计划做出决定时，也不要过分顾虑自己的决定是否是正确的选择。只要是经过充分考虑，选择出最适合自己的目标和计划就行。不要被疑虑束缚住（“我真的能行吗?”、“我的选择合适吗?”），要设法避免自己因这些疑虑而缩手缩脚或过度苦恼。你怎么能事先知道自己的选择正确与否呢？无论如何，做出有根据的选择总比根本不做选择要好得多。

（10）如果你苦于惰性，那么要记住，惰性是由过高的期望、烦躁、气恼和矛盾心理构成的。这里，矛盾心理是由于你的抵触情绪造成。而这种抵触情绪则是发现按照“应该”办事比按自己的想法更恰当，因而产生出来的。应该想一想：你必须按照自己的感觉行事吗？你确信这样做能行吗？你能由此确定正确的目标吗？

如果你的惰性与过度追求完美有关，那你就应该从两方面入手，一方面放宽自己所认定的“应该”；另一方面就是学会在较长时间内忍受住强烈的烦躁脾气。烦躁脾气大多都是能忍受和消除的。惰性也可以被看成是一种下意识的要求，要求你不经过太多的痛苦、斗争或努力就获得你想得到的。

（11）压抑感总是令人厌烦的。它能通过一些规则来帮助你抑制烦躁，当然这些规则已不仅仅是他人为你制定的，而是你自己接受以后并使它们成为自己的规则。如果能认识和理解这一点，你就有能力更妥当地处理这个问题。厌烦或烦躁是痛苦和精神空虚的先兆。

这种现象的根源，是女性在养育别人时往往丧失了基本的自我教育。对于那些对爱和赞同的需求有不可抗拒的冲动，沉迷于爱之中的女性，以及那些得不到所需求的爱、关心和忠诚就极度烦躁的女性来说，这种现象尤其突出。具有病态性依赖心理的女性，她的大量烦躁一般都是因为没有得到一个能满足自己需要的男人；她责备自己没能找到这样的男人，还总是竭力掩盖和否认自己的自我埋怨情绪。

进行自我教育时，首先要为自己做的事情，是依靠工作、乐趣和确有助益的亲友使自己坚强起来。

(12) 当你感到压抑时，问自己这样一个问题：我能做出什么选择？如果自己不知道，就请教别人。一旦你找到了一些选择、一些可能的改变或解决的办法，就会在很大程度上消除你的绝望感。我们已经知道，绝望是产生压抑感的又一根源。

(13) 有了压抑感后，你就会逐渐被迫接受它的要求，这样你只能用绝望来加深自我怨恨的情绪。有了压抑感，你失去的就不仅是自尊心，还有你自身。你在抑制矛盾心理、烦躁和气恼的同时，也抑制了自己的需求、希望和欲望。这种抑制将使你失去实现理想的能力。应该扩大自己的兴趣爱好，发展交际，这些都会增强你的活力。

我们不打算谈论什么惊天动地的变化，也不探讨临时性的变化，如由于某种情况而变换职业等。我们要说的是一些更多的，然而可能是很微小的改变。例如，周末留在城里，不去乡村；不再按照婆婆要求的那样经常去看望她；寻求一种纯粹属于自己的新爱好；交个新朋友，等等。这些都能极大地改进你的生活性质。

你必须确立自己的目标，而不是其他任何人的，不是你母亲的，不是你所在团体的，不是你最要好的朋友的，只是你自己的。研究自己的想法并放在现实生活中检验，就能知道自己的局限性和力量。你想跳伞吗？真伟大。你想照管孤儿吗？了不起。你想自己经商吗？丰富的想象力。你想学俄语？写文章？想成为更活跃的人？想写诗？学哲学？进行见识卓越的思索？打网球？养猫？竞争办公室职员工作？多与孩子们交谈？学开汽车？多挣钱？认识一些新潮人物？不论想做什么，我们都支持你。你的家里人不是给了你很大帮助吗？也许你还能得到其他人的帮助。

通过自身努力和自己的力量，你将会设法发现自己失去的一些自我。这些是你自身希望的原动力。恢复和充分发展是完全可能实现的，要持之以恒、执著、有勇气，最重要的是对前途充满信心。

平衡锻造心灵之美

身为女性，你应该是独立的、自信的、乐观的、聪慧的、优雅的……不管你是豆蔻年华还是韶华已逝，不论你是积极、乐观，还是被动、悲观，首先，要好好地爱自己，从优雅做起。女人爱美是热爱生活和维护自尊的表达。

社会经济的快速发展，让在工作、生活中扮演各种不同角色的现代女性承受着前所未有的压力。忙了一周，终于可以回家了，可家里一塌糊涂；想生个宝宝，可竞争的压力与日俱增；工作负荷加重，薪水却不见增长；方案改了一遍又一遍，领导却总是不满意……

专业女人并不是女强人，可很多人看来，“女强人”才是体现女性权利和地位最有力的证明，似乎只有驰骋职场、业绩斐然才是成功女性的标准。或许直到有一天，当你发现身边的“女人味”越来越少时，才会慢慢地意识到女性自身的性别角色已经走入了“迷失”的境地。

压力虽然看不到、摸不着，但每个身处职场的女人都能感受到它的存在。如何在家庭责任、工作及人际关系的压力中做个“走钢丝的能手”，在家庭和事业间掌控平衡，以及在职场自在地游弋是现代女性的必修课，也是女性自信的支点。

所以，女人应该学会在忙碌中平衡自己的生活。

秘诀一：欣赏自己，量力而行。

很多现代女性对自己要求过高，以致心理失衡、郁郁寡欢。面对这种情况，你要做的就是不要过分苛求自己，要有正确的自我评价，合理地制定目标，量力而行。为了避免挫折感，最好把工作和生活的目标规定在自己能力的范围之内，懂得欣赏自己的成就，自信就会自然回归。

秘诀二：换位思考，学会沟通。

有些女性朋友，在工作不被上司认可时，就走入理解误区，认为是上司在挑毛病，因而消极对待工作，产生失落感。解决的方法应该是就事论事，不要就事论人，事情没做好可能不是你个人造成的，也许跟环境、场景或上司都有关系，只是他没有领会到这一点，这时不要只想着就是“上司看不上我”，你也要从上司的角度考虑一下。如果觉得自己的工作做得很好，但上司还是不理解，可能是你们的沟通出了问题，这时就要及时想办法与上司沟通了。

秘诀三：忙里偷闲，放松心情。

一定要抛弃事事追求完美的心态。当你意识到自己要放松，但无论如何都很难做到、浑身紧张的时候，就应该学着忙里偷闲地放松心情，给自己制造一个放松的空间。有时可以学着偷点懒，容忍家里有些灰尘；在家设定一个小角落，给自己一个形式上的空间，在受到一些压力而出现问题时，把自己藏在这里，冲杯咖啡，让自己充分放松。

秘诀四：换种角色，换个心情。

现代女性既是职业人，又是妻子、母亲、女儿，各种角色间的关系与责任很不好处理，总感觉自己分身乏术、身心俱疲，永远有干不完的活，时间永远不够用。

面对这种情况，你要合理分割角色，对不同的角色要清楚地分割及定位。上班时要暂时放弃家庭角色，回家后就把工作暂时放一旁，有效率地生活必须明确而单纯才办得到。

秘诀五：心态平和，宽待他人。

人在职场，同事间总会有些摩擦，特别是女性同事之间，常会为些小事斤斤计较。在工作中不被理解、认可，导致情绪波动、感情脆弱。因此，你需要让自己保持一个平和的心态，心胸开阔，用积极乐观的态度处世。接受你可能不被别人喜欢或你不喜欢别人的现实，把它作为一件很平常的事，多剖析自己。每个人都有自己的优缺点，不必非得要求别人迎合自己。对于其他女同事计较的地方，可以大度地放开，在力所能及的情况下，可以替她分担一些工作。人际关系是双方的，要想改变别人的想法，需要一点时间和耐心。

秘诀六：学会放弃，转移精力。

在生活中，我们肯定会受到一些挫折或打击，也难免受到这样或那样的伤害。我们应该学会控制自己的情绪，不可终日生活在对往事的痛苦回忆中，以免勃然大怒、做很多错事或失态之事；要学会转移与放弃，暂时将烦恼放置一边，去做自己喜欢的事，等到心境平和后再重新面对，这是对痛苦的解脱，也是愉快生活的前提。不断地卸掉身上的负担，轻松上路，有利于激发出新的力量，获取新的成绩。

秘诀七：想要孩子，早做决定。

体验做母亲的幸福，是所有女性的愿望。很多步入社会的20几岁女人因工作而不敢要孩子，担心要孩子后会失去目前得之不易的职位。随着年龄增长，渐渐面临高龄妊娠，分娩危险系数升高，心理负担越来越重的压力。因此，我们建议你想要孩子就应早拿主意。可先同上司协商或订一个小小的协议，生孩子后再回到原岗位。如果你是人才，在单位里起着关键性的作用，相信那个位置还是会留给你的，如果实在不行，换一个位置从头再来也不迟。

终于，女人做回自己了。虽然要面对很多的挑战，虽然必须在事业、家庭之间小心翼翼地"走钢丝"，但她们依旧自信、从容，在追求事业的同时也拥抱着生活，在完善自我形象的同时，也有着更高生活品质的追求。

放慢脚步，净化心灵

童年的时候，我们是多么的纯真和快乐，而当我们随着时间的流逝渐渐长大时，内心的欢乐也慢慢消失了。我们可能比孩童时拥有更多外在的成功、享乐及更多的选择，但是这些感觉却不及童年时那样美好，我们发现童年时的喜悦和满足都已经离我们远去了。这是为什么呢？因为我们丧失了童年的纯真。

如果人陷于追逐名利的诱惑中，或者是因为工作、感情、生活、人际关系等困扰和烦忧而结束了童年，就会失去最可爱的"童心"。有人说：成人是逝去的童年遗下的躯壳。当然，如果你能够保持童心，你就会重新寻回童年的那份快乐。

当我们放慢生活的脚步，简化外部的生活，便可以让自己的心灵回到孩子般天真无邪、无忧无虑的情境里，也可以让我们有机会发现内心世界中值得简化的事情。

有人会认为傻气和孩子气是幼稚的行为，因而掩饰了纯真的自然和赤子的童心；我们费尽心思使自己变得成熟世故，却牺牲了与生俱来的活泼和率性，也慢慢失去真实的欢乐和发自内心的开怀大笑。法国作家圣修伯里说："所有的大人都曾经是个小孩，只是他们大都忘记了。"

步入成年之后，你就会发现你忘却了这一诀窍，并坚持确信这一诀窍不会失而复得了。

其实，我们每个人的内心深处仍然是一个天真的孩子，喜欢在草地上打滚，不在乎把衣服弄脏和别人如何看待他。

活在游戏世界中的儿童是真正的贵族，他们总是心无旁骛、浑然忘我地玩乐，尽情挥洒自由的生命。在这个纷繁复杂的世界中，请保持一颗纯真的童心，你的肩膀不会再如此沉重，你会拥有最开心的笑容。

找一点儿时间，回忆一下童年时发生过的事情，把这些事情融入现在的生活，重新唤起童年快乐的回忆。但是不要忘了，当你再做这些童年的活动时，就像重新又回到了童年时代，心态要像个小孩，让自己的心灵回到孩子般天真无邪、无忧无虑的情境里。

当你重新寻回内心的单纯，你的心灵、身体与精神都会踏入胜境之中，活得永远年轻和快乐！

什么是内心的单纯呢？每个人因为经历、心境、感受的不同而有不同的理解。内心的单纯是指用心感受着世界上最美好的事物，比如爱你的家人和朋友，对自然界的好奇以及沉默安静地思考后的豁然开朗、风和景明。

内心的单纯是发现自己的创造力和抓住机遇，是要我们了解怎样克服那些令人苦恼的事情，是给生活加点儿快乐的调料，远离创伤和痛苦，让我们保持最佳的状态，剔除不相干的事情，比如忧虑、愤怒和批评，因为这些事只能给你平静安宁的生活带来麻烦。

内心的单纯是发现另一境界的思维意识——包括已知的和未知的，它开阔了我们的思维层次，使我们对怎样生活得更精彩的意识也随之提高。

内心的单纯还意味着发现超过我们本身的强大力量，也是在我们过于沉重的生活和一些不切实际的想法之间找到一片中间地带，它还意味着我们要在自己的内心和现实之间保持恰如其分的平衡。

在生活中建立起内心的单纯会给你的个人成长带来无限的好处：它将

帮你了解你的生活方式，给你无穷的精力；它还会帮你理清思路，让你感到你的头脑前所未有的清晰明朗；帮助你学会更好地爱自己和他人；帮助你随时创造真正的快乐，让你品尝到生活的新鲜滋味，让你对世界上正确的事‘晴产生新的希望。

你可以将获得内心单纯的过程视为一种令人兴奋的冒险经历，一段愉快的长途旅行，一次荣耀的人生之旅，一次不可思议的探索，一种个人的寻觅，一次天性的展现，一种充实内心、开阔思路的精神追求，一次升华心灵的洗礼。

当你收获了内心的单纯，你的心灵便如天地间的精灵，可以尽展羽翼，圆满、轻灵而自由地飞翔！

逃离沮丧，拥有好心情

桑纳在他的《发现勇气》一书中讲述了这样一个故事：

琼留着红艳欲滴、修剪精致的长指甲，年纪已经40好几，但双手之滑嫩宛如属于16岁少女所有。我见到她，真想把我那只满是皱纹、指甲粗短的手藏在口袋里去，但琼会抓住我的手，把我拉近，用一种高声的细语，向我讲些她有名的低级笑语，我们咯咯地笑成一团，然后我忘掉了手的粗鄙。

琼住在疗养院，和我继父安迪同一楼层。他刚搬进来时，是琼接待他的，指点他们路——把他介绍给其他住户，并给他情报，哪些管理人员可以找，哪些该敬而远之。

她罹患机能退化症，病情恶化得很快，我认识她的时候，她已经要绑在轮椅上才能坐直了。有些日子，她会把指甲掐入手掌心，死命地喊着要多吞几颗止痛药。她丈夫早就离开她了，知道她有病之后就不再搭理她了。她没有子女，有个男朋友叫约翰，是个50出头的白发帅哥，他中风过，说话有很大问题，他们常常在日光室坐着，手握着手。

在琼过世之前，我问是什么力量支持她活下去，她说：“猫王的福音音乐，还有祷告。”

在这种情况下，一般人早就发疯了，而琼却选择自我实现。还有，如果我们铸成大错，对别人或自己造成永远无法弥补的伤害，那该怎么办？

著名心理学家A·阿德勒曾说：所有失败者——罪犯、酗酒者、自杀者、堕落者、娼妓等，他们之所以失败，都是因为他们缺乏从属感和社会兴趣，从而对生活产生强烈的沮丧情绪。他们在处理职业、友谊和性等问题时，都不相信这些问题可以用合作的方式加以解决，于是对现实充满失望感。

自怜并无助于恢复破碎的自我，一味地沮丧和自怜往往会带来更残酷的现实。本来可以显得更年轻的，可如今却看起来像个老人；本可以获得很好的社会地位的，可如今却有无穷的经济负担，丈夫对她的自卑态度十分不满，小孩对家庭也没有归属感，这也使她变得愈发的沮丧。

虽然沮丧是人类的正常现象，但如果长年逃避和否定自己，陷于持续的沮丧之中不能自拔，却又习惯把责任一股脑全推给别人的话，那么这样的人大都是些缺乏勇敢和能力承担不幸的人。

沮丧者虽然也大都在各自挣扎，并很想求助于别人，可是孤独和害怕被拒绝的心理使他们往往不敢冒险求人。由于自卑态度，他们也无法正视自己的脆弱，只好以假装快乐的方式来掩饰自己。因此，除了配偶和孩子等家中亲人，周围的人往往都无法了解他们的内心世界，认识到其糟糕的情绪，因而也难以给他帮助。事实上，即使知道了他们情绪上的沮丧，旁人也常常会显得无能为力。

有些“功成名就”的成功者也会产生沮丧。例如有的事业有成的女人，当她无法对孩子的教育或生活分出时间，面对乱七八糟的家，往往会出现强烈的沮丧感。因为她觉得自己辛苦工作，但是家庭生活却没有温暖，会产生自己所追求的这些东西究竟有什么意义一类的疑问。如果无法很好地解决这些心理上的困扰，她很可能就会逐渐变得灰心失望，情绪沮丧。

沮丧的人灰心是很自然的。一个人辛辛苦苦在奋斗，其理想不管是大是小，如果不能获得事业的成就感、家庭的幸福感，那么她是不会感到快乐和欣慰的。她会不断地自问：“我得到的是什么？”这时如果不能够及时调节、克服沮丧情绪，就很容易产生“不死就知万事空”的感觉。

人在其生命的几个重要阶段都很可能出现沮丧。童年时期，健全的感情发育和培养很重要，如果她家庭生活不幸，比如父母亲离婚、丧失亲人等，都容易导致其产生沮丧感；青年时期，健全的社会关系包括恋爱、婚姻、朋友等都十分重要，恋爱、婚姻挫折会使人沮丧，而没有真正的朋友也会使人沮丧；老年时期，健全的人生旅程显得十分重要，如果老年丧偶、丧子很容易使人陷于沮丧无助的情绪之中。

沮丧情绪常常会扩大生活的不幸。所以对被持续强烈的沮丧情绪困扰的人来说，很有必要接受一定的心理治疗，但这些人又常常不愿意承认自己有心理问题，对心理咨询和治疗持拒绝排斥的态度，这就不可避免地会对他们的工作、生活、婚姻、家庭造成进一步的破坏。

有的人在沮丧中形成了对他人冷漠的态度，认为这样可以报复别人，其实这样不但无助于事情的解决，还会进一步损害自己。因为这样做，无论在肉体上、精神上都将进一步影响自己的情绪，使自己无法坚强地面对现实。事实上，用冷漠的方法打击自己倒是最有力的武器。

在生活中，每个人都会有沮丧的时候，但沮丧并不是不可克服的。要拿出勇气改变自己的生活态度，找出引起沮丧的原因并努力设法改变现状。

所以说，应像对待所有其他的不幸后果一样，对于不幸带来的沮丧，我们也不应听之任之，一味地自怨自艾、杞天忧人，而要振作起来，采取勇敢的态度、奋进的态度去直视面对它以及现实中的一切挫折和困难。

心灵放松的女人之所以更可能成功，就在于她们能够以开放的心理接受各种情绪的影响，具有较强的情绪承受能力，并能通过适当途径克服消极情绪所带来的困扰，始终保持乐观向上的精神，对生活充满着希望和信心，从而才有勇气和耐心去征服生活中一个又一个艰难险阻。一味沉浸于沮丧之中不能自拔的低情商者，最终只能使自己变得更加一败涂地。

解决犹豫，与欢快同行

一位商业助理满怀忧愁地回到家中。整个工作日她一直忙乱、苦恼、充满攻击性，并且随时准备发怒。当她这样停止工作回到家里时，也就带回了残余的攻击心、困顿、匆忙与忧虑。对于丈夫和家里人，她特别容易发怒。虽然在家里绝不可能解决工作中的问题，但她还是一直想着办公室里的事。

情绪的搅和会造成失眠。很多人休息的时候都带着未解决的难题上床，他们在心理和情绪上仍然想要处理事情，而这时却又是最不适宜做事的。

白天我们需要各种不同的情绪和心理。跟老板与跟顾客交谈时，你需要不同的心情，在你和生气的、爱发脾气的顾客交谈之后，你必须改变一下自己的心情，才能和下一个顾客交谈。否则，一种情况里的情绪搅和在另一种情况里，是不适于处理其他问题的。

比如，一个大公司发现他们的一个女助理莫名其妙地以生气的口气接电话。这个电话恰巧是打到公司正在举行的一个重要会议上的，那时这位女助理正处在困境和敌意之中。不用说，她那生气与敌意的、如棒槌一般的口气使打来电话的人吃了一惊，公司的人对这位女助理的行为火冒三丈。当然，这也给她自己带来了麻烦。针对这件事，这家公司规定：以后所有的助理在接电话以前，必须先暂停五秒钟，并且要微笑一下。

你应该了解一种真正有益的事情，就是：友善、安宁、平静以及镇定。

因此，你不妨时时清理情绪，这样可以蒸发掉以前的情绪，同时，使镇定、平静、安宁的情绪进入你马上要参加的一切活动中。这样做的效果是显而易见的。

忧虑最大的坏处就是摧毁我们集中精神的能力，一旦忧虑产生，我们的思想就会到处乱转，从而丧失做出决定的能力。你是否想得到一个快速而有效的消除忧虑的灵丹妙法——那种在你不必再往下看之前，就能马上应用的方法？我们许多人不会对实际环境中的小刺激做过分的反应，却在想象中虚构出稻草人，并且在自己的心理图像里做情绪的反应，老是想：也许会发生这种情况，要不就是那种情况，要是发生了我该怎么办呢？自找麻烦却不自知。

对忧虑图像的适当反应就是完全不去理睬它。在情绪上，你要分析你的环境，认识那些存在于环境里的真实物，然后自然地进行反应。为了做到这一点，你必须全心全意地关注现在所发生的事，要全神贯注，这样你的反应一定会是恰当的，而对于虚构的环境，你就不会有时间去注意了。

那么可以告诉你威利斯·卡瑞尔所发明的这个办法吧。卡瑞尔是一个很聪明的工程师，他开创了空气调节器的制造业，现在是位于纽约州塞瑞库斯市的世界闻名的卡瑞尔公司负责人。这是目前所知道的消除忧虑的最好办法：

第一步，首先毫不害怕而诚恳地分析整个情况，然后找出万一失败后可能发生的最坏情况是什么。比如可以想："没有人会把我关起来，或者把我枪毙，这一点说得很准。不错，很可能我会丢掉工作，也可能我的老板会把整个机器拆掉，使投下去的两万美元泡汤。"

第二步，找出可能发生的最坏情况之后，让自己在必要的时候能够接受它。对自己说："这次失败在我的工作上可能造成很大影响，我可能会因此而丢掉工作。但即使真是如此，我还是可以另外找到一份差事。"发现可能发生的最坏情况，并让自己能够接受之后，有一件非常重要的事情发生了。我马上轻松下来，感受到几天以来所没有经历过的一份平静。

第三步，从这以后，我就平静地把我的时间和精力拿来试着改善我在心理上已经接受的那种最坏情况。

如果一直担心下去的话，恐怕再也不可能做其他的事情。因为忧虑的最大坏处就是摧毁我集中精神的能力。一旦忧虑产生，我们的思想就会到处乱转，从而丧失做出决定的能力。然而，当我们强迫自己面对最坏的情况，并且在精神上先接受它之后，我们就能够衡量所有可能的情形，使我们处在一个可以集中精力解决问题的地位。

从心理学上来讲，这样做的效果是，能够把你从那个巨大的灰色云层里拉下来，让你不再因为忧虑而盲目探索。它可以使人们的双脚稳稳地站在地平面上，而人们也都知道自己的确站在地平面上。如果脚下没有坚实的土地，又怎么能希望把事情想通呢？

首先，问自己："所可能发生的最坏情况是什么？"答案是：死亡。

然后，尽量想办法改善这种情况。办法是，"尽量享受我所剩下的这一点时间"……如果他上船之后还继续忧虑，毫无疑问，他一定会躺在他自备的棺材里完成这次旅行了。可是他放松下来，忘了所有的忧虑。而这种心理平静，使他产生了新的体力，救了他的性命。

及时清除心中的忧虑应用到威利斯·卡瑞尔的奇妙公式，做到下面三件事情：

①问你自己："可能发生的最坏的情况是什么？"

②如果你必须接受的话，就准备接受它。

③镇定地想办法改善最坏的情况。

摒弃多余，简单生活

作为新时代的女性，我们有时会不自觉地被生活的大网罩住，喘不过气来，每天的生活像绷紧了的发条，风风火火的，只为了演好生活中的每一个角色。

我们每个人都在忙碌地为成为好同事、好母亲、好媳妇、好姐妹、好朋友、好雇员，以及好的步入社会的20几岁女人而奔波，在不自觉中创造了一种复杂紊乱的生活方式。由于众多缘由，我们渐渐偏离了自己的生活方向，忘却了自己的理想和想要做的事，并且无意识中让别人支配了自己的生活。毫无疑问，在这种取悦他人的生活方式中，我们会越活越累，并会感到生活的复杂与压力重重。从我们个人的经验和对生活的洞察来看，这种生活方式最终并没有取悦任何人，其中包括我们自身。

整日疲惫于这些压力，我们似乎再也无法在生活的清单上增加一项内容，比如使生活简单化。但是倘若在迈过20几岁以后，我们还不能腾出时间和精力让生活简单化，我们最终将会濒于平庸的人生境地。

爱琳·詹姆丝是美国倡导简单生活的专家。作为一个投资人、作家和地产投资顾问，她在这个领域努力奋斗了十几年后，有一天，她坐在自己的写字桌旁，呆呆地望着写满密密麻麻的事宜日程排表，突然，她认识到自己对这张令人发疯的日程表再也无法忍受下去了。自己的生活已经变得太复杂了，用这么多乱七八糟的东西来塞满自己清醒的每一分钟，简直就是一种疯狂愚蠢的尝试。就在这一刻，她做出了决定：她要开始简单的生活。

她着手开始列出一个清单，把需要从她的生活中删除的事情都列出来。然后，她采取了一系列"大胆的"行动。首先，她取消了所有预约电话。其次，她停止了预定的杂志，并把堆积在桌子上的所有没有读过的杂志都清除掉。她注销了一些信用卡，以减少每个月收到的账单函件。通过改变日常生活和工作习惯，她的房间和草坪变得更加整洁。她的整个简化清单只包括80多项内容。

爱琳·詹姆丝说："我们的生活已经变得太复杂了。我们已经使得自己对尝试新产品都感到厌倦。许多人认为，所有这些东西让他们沉溺其中并心烦意乱，已经使得自己失去了创造力。"

因为受习惯的生活方式的影响，你每天有多少活动是不得不勉强而为之的？追求舒适的习惯和烦琐的例行公事是否让你的日常生活落入浪费时间、浪费精力的陷阱？其实减少那些程式化的活动，并不会因此就减少机会。

看看那些对人类的艺术领域、音乐领域、科学领域作出过卓越贡献的人，毕加索、莫扎特、爱因斯坦……这些人都生活在极为简单的生活之中，他们全神贯注于自己的主要领域，挖掘内在的创造源泉，获得了丰富精彩的人生。

因此，你要摒弃那些多余的东西，不要让自己迷失方向。贪婪地占有大量的时间和精力，只能让自己无法去做我们真正希望去做的事情。只有全神贯注于自己的主要领域，挖掘内在的创造源泉，才能获得丰富精彩的人生。

当然，有意义的简单生活，并不意味着我们要放弃努力奋斗的一切，只是希望我们能追求那些对我们而言最重要的生活内容，摒弃那些无关紧要的生活内容。也就是说从现在开始，对如何生活做出明智的决定，努力奋斗去追求，去打造一种全新的生活方式，一种我们可以自己把握的生活。

你所理解的简单生活的含义可能会与别人所体会的有所不同，生活简单化只是一个相对的概念，也是一个带有很强个性化色彩的概念，每个人所追求和倡导的简单化生活都有着自己个性化的含义。

当然，仅仅是外在生活的简单化是不够的，我们应该以外在生活的单纯化为开始，审视生活的外表。生活的最终答案总存在于内心，但生活的外界可以给予我们启示，帮助我们去寻找内心的答案。倘若做到，人便如寄居蟹般自由，可以随意更换生活的外壳。

当你考虑将自己生活简单化和赋予意义时，你需要花时间去反复思考。从个人的角度出发，考虑什么样的生活对自己才有意义，你可以问自己一些重要的问题来搞清楚这一点，没有人能比你更明白自己的生活方式，没有人能比你更明白自己的所思所想，也没有人能比你更明白问题的答案所在。

以下便是引导你思考可以使生活简单而有意义的六个问题：

（1）什么是我自己生活中最重要的五件事？

（2）倘若我以这五种最重要的事作为生活指南，那么我的生活会是什么样？将是怎样的状况？

（3）将生活简单化，我又能得到什么呢？

（4）我需要如何改变生活，才能使它简单化？

（5）一旦使生活简单化后，我该如何做才能保证它不会再复杂化？

（6）我是该马上做些容易的改变还是首先做些重大的改变？

当你遵循这样的思路来思考简单生活的策略时，你就可以为自己创造一种更有意义的生活方式。下面，我们为你提供几点建议，将有助于你更加清晰而有力地踏上有意义的简单生活之路。

1. 小变化启动生活简单化进程

为了使生活趋向简单化，我们可以进行些细小变化，生活就会有新意。例如，可以利用零碎的时间健身，与大自然接触，独自冥想和写日记。这些细小的变化会带来身心的焕然一新，生活的答案也会随之而来。

通过直接进行简单化，就可以有空余时间去找出什么是对自己真正有意义的，特别要关注前五个问题的答案，并将此作为生活指南，安排每天日程尽可能以这些优先项目为轴心。刚开始时无法摆脱所有困难，但可以开始消除那些对自己生活没有价值和意义的内容，通过消除这些生活内容，为自身、自己的感受、自己的思想，以及一切对自己有真实含义的事物找到空间，此时便学会了选择。这一点是生活简单化的一个重要标志。

2. 摒弃过去

有的人认为生活简单化就是清理壁橱和厨房，当然这么做有助于我们去除有形的乱七八糟，但在摒弃那些旧衣物和家什的时候，同样也需要摒弃所有不适合自己的生活信念和态度。

在你关注自己最重要的生活部分时，会逐渐意识到许多生活内容都对自己不再有任何意义。对许多女性来说，家庭、友情、工作和社会的要求是造成她们生活复杂化的主要来源，她们确实也想分担众多家庭责任，但同时还要谋生。倘若所从事的工作要求高，又费时间，这一理由足以让你摒弃一些责任。

或许你的工作并不很适合自己，而且需要耗费太多的时间、精力，这时你便生活得错综复杂，使你很难理出头绪并对生活进行有效的改变。倘若这么做会考虑到有些困惑，不要太在意。因为当你摒弃这些时，会发现所得到的足以慰藉你的生活。记住要创造一些休闲时光，向那些从未想到的希望和未来敞开心扉。

3. 真心取悦你自己

大多数人从小所受的教育就是取悦他人，有时候虽然我们明知道自己不喜欢，但是还要不自觉地去同意别人的意见和建议。为了避免再有这样的反应，我们要终止自己有意识的机械反应，同时开启自己的思想之门。

在进行生活简单化的时候，我们必须让取悦他人的习惯随风而去，尽量对自己的反应保持诚恳的态度，同时存有敏感性。即使别人不喜欢你的决定，但这就是你所遵循的生活之道，最终他们将不得不接受，因为假如你想得到自己想要的生活和发展个性化的生活方式，就不能总是去取悦别人。

当你经过上述生活策略的演练，你会发现自己改变了许多，你终于找到了适合自己的理想的生活方式。对于女人来说，生活简单化就是从家庭女性角色中走出来，开辟自己的事业。生活简单化，放慢生活节奏，摒弃一些旧习，与亲朋好友共聚，使我们拥有了一个愉悦与充实的生活，纵然工作再辛苦，都不觉疲惫，满心欢再地享受有意义的简单生活。

4. 修剪生活

我们都知道，如果想让花园草木茂盛，就需要剪掉枯枝朽木，给新生的嫩芽以生长空间。同样，日益成熟的我们也需要修剪掉那些不再适合自己的旧生活方式，给新的生活以生长空间。“修剪生活”就是剔除对自己没有任何意义的生活内容，这样一来就有时间到户外遛狗，或学做陶艺，或去选修一门有兴趣的课程，或与亲朋好友共欢聚，或独处。倘若我们想拥有一个有意义又富有个性化色彩的生活，我们将别无选择。

因此，当我们想要将生活简单化的时候，首先要做的一点就是摒弃那些已不再适应我们的生活内容。听起来似乎有些残酷，但对我们来说，这是在中年转型期不可避免的。在步入中年之后，常常会有孤独的感觉涌上心头，如果不习惯这种感受，就会有些恐惧的感觉。同时生活中还存在着诱惑，引诱着我们坠入旧日的生活轨迹，又回到往日的生活圈中，虽然自己深知这种生活方式已不适合自己，但这么做的目的仅仅是为了填补一下孤独时光。然而，如果你想迅速改变自己的生活，那么最好去习惯孤独，最终这种孤独的感受将随着我们对生活的深层发掘而烟消云散。

5. 创造个人空间

为创造一个个人空间，你可以做任何所需要的事情来回答上述问题，但要记住平心静气地仔细聆听内心的答案。你可以在家中或工作时获得反省的时间，然而，大多数人需要放下一切日常工作，可以不受干扰地来创造反省的时间，这将是生活的一个重要转折点。

当静静坐着，聆听自己内心的声音时，开始可能会有一些不自在，因为所倾听到的是我们不愿意听到的内容。内心的声音可能会告诉我们去换工作，改变职业或其他众多关系，但我们目前并不想去改变，因此我们常常让自己的生活忙忙碌碌和复杂化，目的就是为了没有时间去聆听心声。

6. 发掘简单的方式来培养自我

一定要发掘一些简单方式来培养自我。开始可能有些棘手，因为以前从未培养过自己，所以你需要花费很多的时间去发掘什么可以真正培养你的灵魂。每天找一些简单的方式去培养自己，比如：听音乐，洗个热水澡，点燃喜爱的香烛或沐浴在阳光下。逐渐，你会发现一些简单的方式可以使自己拥有一颗更为广阔的惬意的心，这种心态有助于更好地将生活简单化。

7. 以幻想为生活向导

在生活简单化进程中，我们的幻想可以作为很好的生活向导，我们可能幻想着到乡间居住或幻想着搬到一居室居住。我们可以通过审视自己的幻想，发掘内在含义，然后根据内在含义，在现有条件范围内尝试生活变化。比如，幻想自己是生活在乡间，可以问到底是什么吸引了自己，然后把所得结论与现实生活方式一并考虑，倘若答案是喜欢到户外走走，想与大自然有更多亲密接触，那便可以立刻问自己该如何做，来为自己创造这一条件。

因此，有意义的生活简单化并非要刻板地去遵循我们的幻想，它是质的飞跃。许多人放弃一切，只是为了搞清哪些是没有必要的简单化，哪些是适合自己的。尽管有时幻想引人入胜，但按照幻想行动和逃避现实生活，不是创造简单化生活的途径，对我们绝大多数人来说，这不是一个现实的选择。相反，幻想只能被象征性地使用，来照亮我们有意义的简单化生活的征途。

在过去，我们经常被迫选择自己不愿去把握的生活内容。现在，只要我们把简单生活的理念注入现实中，新的生活就会开始，我们便可以过自己想要的生活了，不仅滋润了生活，同时也滋润了自我。

第三节 不要信命，你才是自己的救星

很多女孩都感叹自己命运不好，是上天注定的。真的是这样的吗？其实，你的命运、你的未来是由你自己所决定的，你才是自己的救星。20几岁的女孩，不要把自己的希望幸福寄托在别人身上，只有你才能给自己幸福。

谁说女孩不能导演自己的人生

在西方的传说中，人类的第一个女人夏娃只不过是亚当身上的一根肋骨，而在中国的历史上，女人也不过是男人身上的附属品。于是，多少年来，“学得好不如嫁得好”、“干得好不如嫁得好”一直为人们所认同。

诚然，女孩嫁一个有钱老公，可以让自己逃避社会的压力，可以让自己少奋斗十几年，可以让自己时常出入高级美容店，可以让自己成为品牌时装店的常客，可以……这样看起来，仿佛只有依赖于男人，女孩才能有幸福的人生。

其实不然，聪明女孩振臂高呼：绝不屈从于命运，女孩也可以导演自己的人生！

也许20几岁的女孩还没有足够的能力与经验在社会上立足，与男人争天下，但是年轻、狂妄的性格却让她们勇敢地喊出了一句“我不服气”的口号。

是的，在这个男女平等的社会里，凭什么社会只认可只有男人才能主宰自己的生活？只要独立自主、敢闯敢做，谁说女孩不能导演自己的人生？只要你选择做自己命运的掌舵者，你也可以像男人一样站在成功的巅峰享受别人仰视的目光。

对于每一个20几岁的女孩来说，人生就像一出戏，在这个戏台上，任何人都应该是这出戏的中心、编剧、导演以及主角。这一出戏的成败，完全是自己的责任，而周围的人充其量都只是配角，真正的决定权与选择权应该掌握在女人自己的手中。

有一位年轻女工，在一家墨西哥餐馆里打工。她每天要从半夜做到早晨6：00，可是收入却只有区区的几块钱。她并不为此感到不平甚至有一点点的抱怨，而是选择省吃俭用，努力储蓄，将每一角钱都存下来去实现她的梦想——自己开一家墨西哥小吃店，专卖墨西哥肉饼。

当她做出这个选择后，在某一天，她跑到银行向经理申请贷款，说：“我想买间房子，经营墨西哥小吃。如果你肯借给我几千块钱，那么我的愿望就能够实现。”

一个陌生的外地女人，没有任何的财产抵押，也没有一个担保人，就连她自己也不知道能否成功，这样的一个人却敢于向别人开借钱之口，也许你会认为她的行为简直近乎疯狂。

可是经理却被她的胆识所折服，决定冒险资助，她很幸运地得到了这笔贷款。

凭着这笔贷款，年仅25岁的她就经营起自己的墨西哥肉饼店。经过15年的努力，这间小吃店最终扩展成为全美最大的墨西哥食品批发店。

而这个女人就是曾经担任过美国财政部长的拉梦娜·巴努宜洛斯。

面对生活的窘困，一个女人要想将自己从这种状态中解放出来，不是一件容易的事，更别说是创造成功的奇迹了。可是拉梦娜·巴努宜洛斯却成为这样的一个女人。在她的生命里，她选择由自己来主宰命运。

对于拉梦娜·巴努宜洛斯来说，成功的主要原因并不在于那位经理的帮助。不可否认，他对她的成功的确起到了一定的作用，然而他之所以愿意帮助她，是因为他看到了拉梦娜·巴努宜洛斯身上散发出的自立、自强人格魅力，正是这些促使他做出了正确的决定。

所以，一个女人完全有能力导演自己的人生，只要她能够做出正确的选择，并为此而坚持不懈地努力。

但并不是在任何时候做出这样的选择都能得到让自己满意的答案。著名华裔物理学家杨振宁曾经谈到科学家的胆魄问题："当你老了，你就会变得越来越胆小……因为你一旦有了新思想，会马上想到一堆永无止境的争论，害怕前进。当你年轻的时候，可以到处寻找新的观念，大胆面对挑战，而年纪大了便疲于奔波，疲于争论……"

这句话同样适用于现在的女性们。试想，当你经历了人生大部分的成功与失败后，你还有勇气做出人生的重大选择吗？即使你做出了这样的选择，你还有时间和精力去实现它吗？也许当时的你已经是心有余而力不足了。

因此，一个想导演自己人生的女孩应该趁年轻时选择自己的人生方向，把好命运的船舵。可是有些女孩往往因为自己的容貌而放弃了选择事业和幸福的权力，沦落为独守空房的女"光棍"。而那些懂得人生真正含义的女孩则不会让容貌束缚住自己追求事业与幸福的脚步。

不依赖男人，不迷失自我

一个女孩，她的命运可以丰富多彩，也可以平淡如水，怎样的命运取决于她如何谱写自己的人生乐章。然而，现实生活中，很多20几岁的女孩总是喜欢把自己的命运交给男人，以为男人的责任心能为自己带来幸福。

于是，当需要漂亮的时候，她们希望男人会为自己精心地挑选时尚漂亮的服装；当需要浪漫的时候，希望男人会为自己安排浪漫的烛光晚餐；当生病的时候，希望男人能嘘寒问暖、体贴地照顾自己；当感到寒冷的时候，希望男人会悄悄地生起炉火，抱着自己一起取暖……

男人可以为你安排你想要的，可以给你无微不至的关爱，但是当男人必须离开你的时候，你要怎么办？从此不去逛街，不进餐厅，不看医生，忍受冰冷？

要知道，把命运交给男人的女孩就像上了天的风筝，虽然可以惬意地飞入云端，可以欢快地享受微风，但只要男人松开手中的线，你将会飘得不知所终，迷失自我。

林子琼是一个温柔娴静的女孩子，作为家中的独生女，她从小就在父母的安排下学习、生活，早已习惯了这种令她倍感安全的依赖。

大学毕业以后，她没有自己出去找工作，而是在父母的帮助下进入了一家大型国有企业。相对于办公室里那些年过半百的大妈级同事来说，林子琼的到来，立刻让昔日死气沉沉的办公室变得活跃热闹起来，同事对林子琼也是照顾有加。

对于刚刚参加工作的新人来说，同事们的帮助能够让自己更快地融入工作当中，可是如果事无巨细的帮助就该让人警惕了，可林子琼并没有意识到这点。所以，慢慢的，林子琼对办公室里的同事们也就在不知不觉中产生了一种强烈的依赖心理，习惯了过着处处有人照顾和帮助的办公室生活。每当她在工作中遇到问题时，她首先想到的不是自己如何来解决，而想当然地环顾四周，看看有谁能替她解决。

现在，林子琼结婚已经快 4 年了，但总还像个小孩一样依赖着丈夫。平时，林子琼几乎没什么朋友，一下班就回家与丈夫黏在一起，交际圈子的狭小，让她越发的依赖丈夫，小到每天穿什么衣服，大到工作上碰到的难题，她都要靠丈夫拿主意。

因此，每当丈夫出差超过一个星期，林子琼就会有一种六神无主、坐卧不安的感觉。她一个人在晚上睡觉总觉得很没有安全感，整天闷闷不乐甚至发脾气。不仅如此，此时对待工作她也提不起热情了。这种情况有过好几次了，林子琼的丈夫在外地给她打电话，她就在电话里哭了起来，一个劲地要丈夫快点回来。

林子琼说，她真的特别害怕丈夫不在身边的那种感觉，她会感觉心里空荡荡的，仿佛少了什么似的，心情也会很烦躁，并且觉得日子特别漫长，总不能使自己变得开心起来。

这种性格的女孩无论做什么事情，都要靠别人，不论走到哪里或做任何事情，若没有他人在场，就不知该如何是好。即使一个人单独行动，但心中所想的还是依赖别人，认为自己不懂的事只要问别人就行了。因此在遭遇困难的时候，她们往往想到的不是如何解决问题，而是想会不会有人来帮助自己。

虽然这种女人也会让人产生小鸟依人的感觉，但是时间长了，任何一个人可能都会受不了。的确，小鸟依人是女人性格上的温柔，可是如果让这种温柔变成习惯性的依赖，那就危险了。一旦男人离开你，你的生活就会变成一片黑暗，没有了方向，没有了目标，你就如一只断了线的风筝。

独立的女人，虽然没有小鸟依人的可爱，失去了楚楚动人、惹人怜爱的泪眸，但她风风火火的行事作风、敢作敢为的勇气，同样不失为让人眼前一亮的瞬间。

独立的女人，永远不会将命运交给男人，她们从不迷失自己。有男人在身边就享受两个人的浪漫，男人不在身边就享受一个人的精彩。

聪明的女孩就是这样独立的女人，在她们的字典里从来没有“依赖”二字，在她们命运之书上，从来没有女人注定永远臣服于男人的定律，更没有拱手出让自己命运的说法。

当然，聪明女孩不会拒绝男人的浪漫和呵护，她们会尽情享受被照顾的感觉。当男人忙碌时，她们却有更加忙碌的事；男人不在身边时可以一个人到沙滩晒太阳；想去做逛街而他却在身边黏着自己，就马上给他找点事做让自己赶快脱身……

没错，男人或许会包容你、呵护你，将你捧在手心，这是他们的权利，却不是义务。当男人因某种原因而放弃爱你时，请不要失去重心，迷了方向，更别让自己跌入谷底。

20几岁聪明女孩，不做风雨之中躲在男人臂膀之下瑟瑟发抖、寻求温暖和安全的金丝雀，而要做一只与他们共翔海上、呼唤风雨的海燕；不做置于屋中，摆在名贵的红木书架上的花瓶，而要与男人一样是那饮尽天下墨汁的洗砚池，在世间有一片属于自己的天地。

一位女作家曾经说过：“女人，无论何时，都应该像树一样站立。”没错，无论面对怎样的狂风暴雨，20几岁女孩都应该是一棵站立的“树”，而不要去做任何人的“藤”！

独立的女孩更容易改变命运

独立是一种很高的境界，它需要高素质的心态和全新的价值观。一个女孩的独立应该包括两个方面，一个是精神层面的，一个是经济上的。一直以来，我们都更侧重于其精神境界的独立。聪明的女孩知道，一个女人如果经济上依附于男人，那么她在精神上就很难实现独立。

试想，一个女孩口中喊着独立的口号，与人大谈平等之事宜，可是转过身，却低眉顺眼地向男人讨要生活费，我们无法说这个女孩已经真正独立，哪怕她的内心是多么独立！

葛丽丽和丈夫认识两年后结婚了，结婚前两个人都是上班族，在生活上都是独立的。结婚后，葛丽丽虽然羡慕做“全职太太”，不喜欢职场上的尔虞我诈，但还是坚持上班。

婚后一年，葛丽丽怀孕生了儿子，由于婆婆和妈妈身体都不好，无法帮她带孩子，她只好放弃工作在家做了专职太太。没有了工作，带孩子的工作却一点不轻松，最要命的是丈夫的态度变化很大，看到家里有一点做得不好，就说：“真不知道你天天在家做什么了，地板那么脏也不知道拖。”他不知道带孩子有多累，一晚上起来数次，如果葛丽丽说一句带孩子辛苦，他就会说：“那你不会白天等孩子睡了你再睡？再说谁家的孩子不是这么带大的，就你觉得辛苦？”

好不容易熬到孩子四岁上了幼儿园，葛丽丽想重返工作岗位，却又因儿子总生病而放弃了。一次儿子病了，在家休息了几天，刚见好转，葛丽丽也好几天没有休息好，早上多睡了一会儿，老公就拉着脸说：“都几点了，还不起床做早饭，难道还得让我给你做了早饭再去上班吗？”

虽然我们不能说，所有没有收入的女人在家中都是没有地位的，但的确有不少没有收入的女人在家中是没有地位的。一些男人即便嘴上不说，也会认为是他在养活你，养活这个家，而你侍候他是理所当然，就算他发点脾气，你也该忍着。要知道你的衣服、化妆品，加上一日三餐都是花他的钱呢，你有什么资格和他争辩呢？而女人也会安慰自己说，谁让这个家都指望他呢，能忍就忍吧。

可以说，在经济上依附于男人的才女孩永远没有独立的可能。只有在经济上独立了，想买衣服和化妆品的时候，才可以自信地掏自己的腰包，不用在支配金钱的时候小心翼翼地去征求对方的意见，也不用在给他买礼物的时候还得向他要钱。只有花自己劳动换来的金钱，才能理直气壮，才能心安理得。

大家都知道陈燕妮是一个事业有成的女人，她的第一本书《告诉你一个真美国》受到读者的热烈欢迎。随后几本讲述华人在美创业以及华人回国经历的书一经面市，就成了当季的畅销书。后来，她创办了《美洲文汇周刊》，自己担任总裁。

她认为一个女人首先应该独立，有了成功事业的女人才会有充足的自信体现出气质的优雅，而且这种自信比年轻美貌的自信来得更有理由。

有一次记者采访她的时候，问："听说在美国有很多全职太太，她们的生活全部围绕着家庭，相对简单而少有压力，你有没有想过这样简单的生活呢?"

"没有，从来没有。"陈燕妮坚决地摇头，"我无法想象向别人伸手要生活费的滋味。我曾经因为工作的转换而在家待了几个月，那段时间太可怕了。除了老公以外，精神没有任何依托，整天在家无所事事。到后来看老公都有点儿小心翼翼的，现在想想挺可笑。美国的报刊竞争很激烈，我做的事情等于是在和美国的男人们抢饭碗，但我宁愿在社会上拼搏，争夺自己的天空，也不愿整天在家洗衣做饭，等老公回家。"

当然，我们不是提倡女人都要去做女强人，都要去挣足够多的钱，但至少要有一样东西，那就是工作。最好是找一份自己喜欢的工作，这样做起来心情好，工作成绩也就好，得到的报酬也会相应的多。

不过要选择一份自己真正感兴趣的工作是不容易的，大多数女人都是在一个谈不上喜欢，也谈不上讨厌的工作岗位上工作忙忙碌碌，有时候会迷茫，但也要学会调节，毕竟开心不开心是你可以选择的。

一个女孩有工作，这是养活自己的最好方法，也是规避未来风险的唯一技能。不要去奢望嫁个男人，靠他养活你一辈子，当然这并不是不可能，而是我们要有风险意识，万一你哪天丢了爱情，也还有工作寄托你寥落的心灵，帮你打发大把空虚的时间，并且还能给予你报酬，真是一举几得！

此外，更重要的是，工作能帮助女孩实现自身的价值，带给她们成就感和满足感，而这些能让女人变得更加自信和迷人，让男人欣赏你，而不敢把你当做自己可以随意支配的私有财产。

聪明的女孩绝对不会是一只被男人养在笼子里的金丝雀，不会让男人的口袋决定自己的生活质量。她也许没有红红火火的事业，但一定要有一份属于自己的工作，每个月要能拿到至少可以养活自己的薪水，这是避免你成为男人附庸，实现独立的第一步。

20几岁女孩要不断“充电”

花瓶，人们多用来形容那种中看不中用的事物，这种事物徒有漂亮的外表，肚子里毫无墨水，大概每个女人都不想听到自己跟这样一个词扯到一起吧。真正的美丽是外在美和内在美的完美结合。当然，没有人能够否认漂亮脸蛋和魔鬼身材的美丽和性感，但是如果不能兼具气质、内涵和头脑，仍感缺憾和不足。

俗话说“百病皆可治，俗气没药医”。其实不然，“腹有诗书气自华”，一个女人想要不俗，的确唯有借助文化素养来突破和完善自己，让自己在美的层次上升级。

给自己充电可以美容？绝对没错！

在这个变化无常，网络信息技术日益加快的今天，女人如果不努力学习，不时刻想着为自己充电，很快就会跟不上时代的节奏，从而成为竞争时代的牺牲品。

所以，如果你想使自己成为与众不同的美女，除了让自己拥有美好的容貌和气质，还要积极、努力地学习掌握各行各业的知识，增加自己的知识储量。

王霞大学毕业后，只身来到北京，几经周折来到一家大报社当了一名记者。新闻媒体对于一个学新闻专业的女大学生来说，应该是一个非常好的职业，王霞开始的时候也是踌躇满志，准备好好地大干一场，成为一个有所作为的记者。可是，到报社没几天，她就发现自己错了。原以为当个记者无非就是到下面去采访采访，回来写篇稿子完事。谁知，真的工作起来，远不是那么回事。作为一名记者，不但要有敏锐的新闻目光，能抓住新闻热点，还要有必不可少的文采，能写一手漂亮的文章；不但要有很强的交际能力，准确的语言表述能力，还要有相应的政策法规等专业知识做依托；不但要有一定的仪表，还要有吃苦耐劳的精神，等等。

总之，一位出色的记者必须是一位综合素质极佳的全面型专才。

她不想丢掉这份得之不易的工作，又感到非常吃力。这使她很苦恼，原先无拘无束的一张笑脸，一时间布满了乌云。

对此，报社里的“老记”们向她建议，她的窘境主要是因为她的经验不足和相关知识的紧缺造成的，应抓紧为自己充电，多学一些东西。她想想也是，原以为北京的就业机会多，但是，竞争的人也多呀，各式各样的人才遍地都是，稍不留神，就会被别人给挤了，抢了自己的饭碗。

于是她每天从报社出来，不是去自己租来的家，而是直接去英语、电脑班“升级”自己，星期六、日就一头扎入专业学校，一天到晚，忙个没完。工作、学习紧张得让她无暇他顾，时光也在不经意间划过了半年。她自己倒没觉得什么，领导却夸她大有长进，同事们也都说，小王已经成熟了。

从王霞的身上，我们可以看出，作为现代一名年轻的女性，要想在社会上出人头地，开垦出一番属于自己的事业天地，只有通过不断的学习，时刻保持进取的精神才行，也只有这样，才不会被社会所淘汰。

终身学习是信息时代的要求，想取得成功的女性不一定各方面都做到最好，却要明白这样一个道理，不选择时刻充实自己的人，即使她当时的光芒十分闪耀，但终有暗淡下去的一天，相反，那些把学习作为自己终身事业的女人，却能时刻保持进取精神，以发挥自己的潜能，提升自我。

你也许会说，整天忙得焦头烂额，哪有时间充电？

优秀的女人，不会以家庭为自己生活的中心，她不会整天围着老公、孩子转而没有自我的空间，她会抽出时间去郊外游览，在大自然中吸取灵气，她还会给自己的心灵开辟一个独立的空间，来卸下生活的沉重和疲惫。优秀的女人也不会把事业当成生命的全部，她们会把工作当成乐趣，会在闲暇之余，给自己充电，让自己永远保持着成熟和豁达。

小禅在一家公司从事装潢设计工作，在大学时，她是学绘画的，也拿了学士学位，但时尚又实用的生活吸引小禅改行做了平面设计师。也许是艺术的触类旁通，小禅很快就做得如鱼得水。当然，两者也有很大的不同，但已有的绘画功底给了小禅很大的信心。

充电？小禅不是没有想过，可是自己现在的年龄、时间以及经济条件都不允许自己重新走回学校，等研究生念完的时候，自己已经30多岁了，到那时候再找一份工作，就不是那么容易的事了。对于一名20几岁的职业女性来说，这些问题似乎更现实也更残酷些。

后来，小禅用自己的行动证明，只要想学习，在实践中学也是一样的。比如在工作中，利用闲暇时间，小禅就会到各大城市的酒店观摩，并拍下一些照片，回来后，她再加上自己的一些心得附在照片旁边。她的这一方法很受老板的赞同。正是通过这种学习方式，小禅不断地充实着自己。

没错，在当今这个生活节奏紧凑的年代里，人们似乎每天都没有充裕的时间去做完想做的事情，所以许多念头就此打消了。其实只要你每天少看一小时电视，每年你就会省下365小时，大约45天。所以，如果你现在每天看5个小时电视，那从明天开始只看4个小时吧。用这些时间做些你想干的任何事情，比如读书、娱乐、沉思、做做操或者写写日记，一定会使你的生活有所改观。

聪明的女人知道，只有不断给自己充电，不断补充能量，才能成为一个真正美丽的女人。

第五章

20 几岁学会理财，胜过嫁给一个亿万富翁

长久以来，追求财富似乎只是男人的目标，在今天女性独撑半边天的时代，女性经济的独立已成为不争的事实，女人要更懂得用金钱来为自己服务，而不是做金钱的奴隶，要懂得在自己最灿烂的时候，创造和利用资本去获取财富。因此，聪明的女孩，从 20 几岁开始理财，积累财富资本，胜过嫁给一个百万富翁。

第一节　聪明女孩是新时代的“财女”

在现代社会，做一个漂亮的女孩，有才华的女孩还不够，要想成为一个真正的美丽的现代女性，你还得是一位“财”女——拥有财商之美的女性。

20 几岁女孩不止要做才女

人的一生离不开对金钱的需求，你不仅要懂得如何赚钱，还要学会投资，懂得如何理财，为自己计划一个美好的未来。

也许你会说："我工作忙，没有时间理财。""我老公能赚钱，用不着我理财。""我赚的钱还不够花呢，哪有财可理呀？""我不是理财的那块料，不会。"……其实，这都是对理财的错误理解。

有句流行语：你不理财，财不理你。虽然是一句戏言，但道出了投资理财首先要转变理财观念的真理。理财就是让你手中的钱由小变大，它是财富增值的艺术。只要你学习，掌握了"个人理财"的技巧，你便可以通过对个人钱财的合理有效支配使用，使自己手中的钱越来越多！

理财听起来是时尚话题，其实，从雅普人的石头钱，到现代社会的钱，在人们生活的各个角落眨着狡黠的眼睛。虽说"金钱不是万能的"，可是"没有钱却是万万不能的"。作为一个现代女性，金钱可能较容易实现你的理想，谁都渴望腰缠万贯，然而天上不会掉馅饼。如果你没有发横财的好命，那么从现代开始，消除对理财的误会，把自己修炼成一个新时代的"财"女。

王玉是一个单身贵族，在一家出版社任编辑主任，每月的收入六千元左右，又没有家庭负担，生活比较富裕。

她租了一套面积为 90 平方米的小两居室，房租是每月 2500 元，目前她自己住一间，另一间以每月 1500 元租出去，这样她每月只需为房子花费 1000 元左右。

王玉平时的开支很有节制，除去房租、吃饭、购物等基本的生活开支外，每月大概有 4000 元的剩余。工作几年了，现在她已有接近 15 万元的存款。

去年因一次车祸，她做了一个手术，由于肇事者经济能力有限，支付的赔偿很少，她不得不自己掏腰包治疗。所以，这次车祸她损失了好几万元。她很后悔自己当初只想着攒钱不想花钱，一个保险也没买。如果自己买了保险，这次的损失会小得多。

吸取经验教训，出院后王玉就到保险公司办理了意外保险。后来，朋友建议她最好也把健康保险办了，朋友说："现阶段我国的医疗费用在不断上升，如果出现意外，患了重大疾病，需要一次性支出较多的医疗费用。"王玉觉得朋友分析得很有道理，便为自己购买了医疗保险。

在购买保险的过程中，王玉对理财有了进一步的认识。她想，以后自己会有多方面的资金需求，如事业要发展，要结婚成家、培养孩子，父母还需要照顾，工作技能可能会不符合时代的需求，等等。这些资金如果仅靠工资来攒，恐怕不那么容易，而且需要的太长的时间，就会错过投资、创业的最佳时机。再者，自己现在有一定的工作能力，生活不是问题，万一有一天遇到特殊情况，或是老的时候急需用钱，恐怕那点积蓄不够用的。

这样一想，王玉有了危机感，觉得自己从现在开始必须得学会并进行理财投资。

她首先为自己买了一份养老保险，还让自己在银行里的钱活起来。她不再把每个月生活剩余的资金一分不剩地存入银行，而是把其中的少部分存入银行，大部分用于基金定期定额投资计划。

目前，王玉已经将现有储蓄资金根据市场情况，分别投放在安全性较好的银行人民币、外汇理财产品，开放式基金或理财型保险产品中，这些组合使她获得持续稳健的回报，为今后的生活储备了一定的资产。

生活中，很多女孩不喜欢理财，其实，女人有天生的理财头脑，如果遵循一定的规则去做，一定能得心应手。财富的积累从现代开始，利用自己的优势，理性理财，做一个新时代的"财"女。

女孩要走出理财的误区

事实证明，成功的女性，不但是财富的创造者，还是优秀的理财者。不会理财的女性，很难把握自己的财富。新时代的20几岁女孩，不但要具备创造财富的能力，还要具有理财的能力。许多女孩只忙于挣钱，忙于生活，却对理财毫不重视。大都抱有会挣钱就会花钱，花完了再挣的金钱观念，对自己的财富没有个很好的规划和用度。并且许多女孩在理财方面还存在着一些误区。

误区之一：依赖性太强，认为丈夫挣钱自己花钱就是了，没必要在理财上下工夫。

当今许多女性还存在着依赖性，在生活上依赖丈夫，在经济上更依赖丈夫。虽然自己有工作有工资，但只能满足自己的生活消费，对于家庭的整体财务自己一概不管，认为丈夫是家庭的主要经济来源，财政大全当然该他掌握。对家庭生活中一些开销、投资等从不过问。以至于家庭中的整体财富得不到合理用度。

而女性只顾自己花销，一旦丈夫的收入出现了问题，家庭在经济上有了困难，就很难办。有的女性甚至连自己的财务都管不好，自己的工资不够花，还要依赖丈夫支持。这样一旦婚姻出了问题，或女性与丈夫离了婚，将陷入经济困境之中。所以女性们在理财上要少一些依赖性，多一些自主性。

误区之二：理财既复杂又琐碎，令人头痛。反正自己能挣钱，挣着花着就完事了，没必要理财。

随着社会的发展，越来越多的女性选择了跟男性一样的生存方式，自己创业挣钱，经济上取得了独立。这类女性脱离了对伴侣的依赖性。自己在工作中能赚到钱，所以就对自己的生活高枕无忧。所以在吃、穿、住、用、行等各方面都不亏待自己。吃好的，穿好的，男人有的房子、轿车自己也能拥有。条件优越这当然是好事。但有些女性对自己太自信，对自己眼前的顺境优哉游哉。而在自己的财务上马虎答疑，认为自己能挣钱，就应该学会花钱，花了再挣，没什么了不起，对自己的收入、支出、储蓄等财务问题没有个很好的安排。一旦在工作上或实业上除了问题，她们就会陷入困境。这就是她们不能正确理财的弊端。

误区之三：有钱存银行，总认为储蓄最保险

有的女性虽然有钱，但没有正确的理财之道，错误地认为，只要将钱存到银行就保险了。其实也不见得。没有风险就是最大的风险。假如银行的储蓄利率是2%，而通货膨胀率是4个百分点，你的购买力每年都损失2个百分点。这意味着你存100元钱一年后实际只有98元。即使你毫不利用也照样有损失。

死板地将钱存银行，既不合理利用，也不将钱有效地帮朋友做事，再多的钱也失去了应有的价值。要知道正确的理财方法，是使金钱得到合理使用，发挥它应有的价值。

误区之四：反正我也不富有，所以根本没必要学习怎样理财。

很多女士都觉得自己没有多余的钱，日子过得紧巴巴的，根本没必要理财。她们认为，只有富人有多余的钱时才有必要理财。这样的观念更不对，不富有时更需要理财。学会理财，能用较少的钱办更多的事，不会理财，不富裕的日子更难过。不富裕时会理财，也能转变拮据的局面。

误区之五：我太忙了，没有足够的时间理财。

时间就像吸了水的海绵，只要挤，总会有水出来。如果你以此为理由拒绝打理自己的钱财，那么政府、税务局、银行、保险公司、房地产商等部门就会为你代劳，他们都是从自己的利益出发，你只会浪费更多的钱，而不会节省钱。

理财不会花费你很多时间，而且你常常可以找到帮手。现在社会上到处都是帮人理财的机构，像个人理财网、财务杂志、理财专家等，你只需要花少量的金钱，就能获得很多收益。

以上诸多理财误区，有客观原因，也有主观原因。主要还是女性们的理财观念不强。没有深刻认识到理财的重要性。我们要认识到理财的必要性：

我们要认识到理财是我们生活中的一部分。对于我们每个人与每个家庭来说，都要不断处理收入与支出。如果能合理调配资金，使金钱得到合理用度，就能使许多事情顺利完成，对整个家庭或个人的发展能起到促进作用。反之就会麻烦重重。

能很好地理财，不但能使自己的金钱得到合理的利用，还能促使你懂得更好地进行投资，能更好地增加你的财富。许多女性富了以后更富，因为她们懂得理财，懂得进行更好的投资，当然就能获取更多的利润。女性要想拥有自己的财富，一定要重视理财，学会理财。

端正金钱态度，认识理财效应

同样的生活，为什么有的人过得有滋有味很滋润，有的人面对突发事件总是手足无措为钱所困？其实，要想过得滋润，你只需一个方法：让钱为自己工作。

季然是一个很会理财的女性。刚刚工作没几年，就已经贷款买了一套商品房，每月除还房贷以外，剩下的钱又买了一些保值增值的理财产品。随着工资水平的上升，理财产品越买越多，还加进了一些高风险高收入的品种。

由于业绩卓著，季然很快就被提升到总监的位置。成为总监之后，薪水提升了很大一截，工作反倒比以前更轻松了。鉴于这样的现状，季然决定调整以前的理财方案。

首先把收入的30％投入到朋友的公司中，每年作为股东分享公司红利。

再用收入的20％为自己买了全面的商业保险，这样即使生病住院或遭遇意外，也不至于措手不及。最后的50％，她决定用来经营一家鲜花茶吧。开一家属于自己的、有情调的小店，一直是季然的梦想。以前因为没有时间，现在终于可以完成这个梦想了。她利用休息的时间，选店址、装修、购置设备，忙前忙后一个月，一家小小的鲜花茶吧就开始营业了。

为了避免开店影响自己的工作，她特地雇了两名店员，在上班时间照料小店。到了晚上，茶吧的营业高峰时间，季然就脱下了中性的职业套装，换上了袅袅婷婷的连衣裙，到店里在招呼客人了。

自从开了茶吧以后，季然的生活彻底改变了，一方面收入水平直线攀高，另一方面，因为与不同的人打交道，思路和视野都开阔了许多，处理工作上的事情更加得心应手了；更关键的是，下班后到茶吧享受那种“清香的喧闹”使她绷了一天的神经得到了彻底的放松和休息。“这比喝多少酒、跳多少舞、听多少音乐、享受多么精彩的夜生活，都要有用。”季然兴奋地对朋友们说。

理财并非节约钱财，而是把钱财用到正处，让它发挥出应有的效力。所以，渴望成功的女性只有把手中的钱合理地运用到经营投资活动中，才能获得更高效益，赚到更多的钱。要想成为一名理财高手，首先要有正确的人生观和金钱观。我们来看这样一个故事：

有一个很有钱的富翁，他非常喜欢珍藏美酒，窖藏了大量的葡萄酒，对此非常自豪。其中有一坛珍藏多年陈年的老酒尤其珍贵，他一直不舍得开坛痛饮。一天这个地区的主教来看他，富翁心想："他不懂这种酒的价值，当然不能开启那坛酒。"

后来有官员来拜访他。他心里自忖："来的只是一个区区小官，怎能配喝这么好的酒呢？"

有一天王子来他家了，和他同进晚餐。富翁又想："王子喝这种酒太过分奢侈了，还是不能启封。"当他儿子结婚的那天，他还是这样说："现在不能为了接待这些客人开启那坛美酒。"

就这样过了很多年，富翁去世了。他下葬那天，窖藏的酒全部被人们拿了出来，村子里的农民把酒喝了个精光，但是他们谁也不懂得那坛珍贵的陈年老酒的悠久历史。对于他们而言，喝进肚里的仅仅是酒而已。

有人曾访问一位著名的艺术家，临别时，艺术家送给他一盒上等雪茄。那个人非常高兴，说他将要永远地珍藏这一礼物。艺术家听后，摇头说："不，雪茄如人生一样不能保存，你一定要好好享用它们，一个人不能享受人生，也就没有快乐了。"

看到这里，女性朋友就会明白，该花钱的时候不要吝啬。金钱不正如这美酒和雪茄一样？一个人只知囤积而不知享用，金钱对于我们又有什么价值可言？一个人的所作所为要与身份相称，在最起码的衣食住行方面，不可过于节省，如果为了节俭，连应有的生活乐趣也一概免除，那就失去节约的意义了。

女人应该明白，再高级的职位，也只是高一点的薪水。新女性的创富口号是——让钱为我工作。女性应该进行理财投资，让钱为自己工作，善于理财和投资，从而拥有越来越多的金钱和良好的心情，尽情享受理财所带来的美好新生活。

做一个善于管理财富的人，从今天开始吧。女人完全可以通过薪水增值的投资和理财快速创富，享受未来美好的生活和工作。

智慧消费的女孩更聪明

在周围可以看到，有些女性平日的消费时经常处于一种紧张状态，她们对未来的担心总是大于希望，每月银行卡的数字增多就是她们最大的乐趣。如果她需要一件衣服或一支口红，就会将花费的钱从其他支出中节省出。她的生活总是缺少色彩和快乐。

也有很多女性消费几乎没有计划性，花钱大手大脚，只图眼前之快，只要口袋里还有一分钱，总要把它花完。这样的女性在购物时总是图新鲜，如与朋友一起逛街，看到打折的衣服就买下来，买回来后发现自己根本不喜欢，只好压在箱底。

王女士在一家外资企业做内勤工作，平时，她与几个年轻的白领要好，形成了一个关注时尚、经常一起逛街购衣物的小圈子。

她已是徐娘半老，身材肥胖，每当外出逛街购衣物，只要王女士看中的，大家都会附和着说好，劝其买下。王女士就会不加考虑地购买。有的开服装店或化妆的朋友还主动为王女士介绍一些所谓品牌服装、化妆品，甚至钻石、首饰、古董之类物品，编成种种故事，尽量说服王女士：这么好的东西，非常适合你，不买，真的非常可惜。就这样，王女士的衣柜里挂满了各种牌子的衣服，化妆台上也摆满了名牌化妆品，但是真正派上用场的很少，有的东西自从买来以后就没动过。

王女士还喜欢与同事攀比，人家昨天穿了新买的意大利的名牌服装，拎意大利品牌的皮包，今天，王女士必定要穿上新买的法国名牌时装、拎法国产的皮包；今天，人家提前穿上了夏季连衫裙，明天王女士一定要更超前，把刚买来的新式吊带裙穿上。时间长了，王女士发现皮夹里总是空空的，银行卡里也所剩无几。买来的时尚衣物，有的并不适合长久穿着，于是，刚买不久的衣物要么压箱底，要么落得送人了之的结果。

像王女士这样的非理性消费的女性大有人在。一般来说，女性的非理性消费有三种不同表现：一是受打折、促销、广告等市场氛围的影响；二是受气氛的影响；三是情绪化消费。女性的购物消费很容易成为一种缓解压力、平衡情绪、宣泄无奈的方法，有时还是表达快乐的方式。

女性应该养成理性适度消费的习惯，该消费时才消费。虽然有时候她会花一个月的薪水购买一件优雅大方的套装；有时她会吝啬地购买一个廉价粗糙的装饰品；她又在打折高峰期疯狂地选购。但是，她懂得如何用自己的智慧把它们灵巧地搭配在一起，使其不会落伍，使自己拥有高品质的享受。

第二节 如何才能成为一个理财高手

新时代的女孩已不再是甘居幕后、依附于男人生存的代名词，越来越多的女孩有了自己的事业，有了独立的经济能力，也开始重视理财这门学问。女性理财有着先天的优势，更是女性智慧的体现。20几岁的女孩学会理财，那么明天会更好。

聪明女孩不当“高薪女贫族”

越来越多的女孩经常感到没钱，尽管每个月拿的薪水并不少，却常常过着借钱度日的生活。这是典型的“今朝有酒今朝醉”的生活。拿着丰厚的薪水，却打起贫穷的旗号，这就是诞生在写字楼里的城市“高薪女贫族”。

城市“高薪女贫族”的出现是源于她们生活在物质丰富时代，随着这族人的增多，新消费文化正在形成。对于“女贫族”的长辈来说，消费只是维持生存的一种手段。他们不明白同类商品之间的细微差别到底意味着什么；而且，消费通常意味着“花钱”，看着自己辛辛苦苦赚来的钱花出去，他们总有点心疼。而“女贫族”就没有那么沉重的包袱，花钱对于她们来说，带来的是“快乐的感觉”。她们消费各种与原始功能无关的附加值，甚至广告。她们是“精致文化”的拥护者。

一项调查表明，“女贫族”一般以35岁以下的中高等收入者居多。她们有较前卫的处世原则和生活方式：反正钱都是自己挣的，随便自己怎么花，别人干涉不了。也有一些“女贫族”既无银行存款，又无自己的物业，二十几岁仍与父母住在一起，交一点伙食费，大多数收入花费在服饰、化妆、下馆子、泡吧、旅游上。然而，大部分“女贫族”并不以此为忧。这些“高薪女贫族”为了保持自己的个性化生活，要么不结婚，要么晚结婚。

25岁的胡小姐，在外企工作，月收入在3500元左右。可她却经常向银行借钱。她看中一款新出的诺基亚手机，价值5000多元。面对女儿的行为，父亲怎么也想不通：“一会是1000多元的大衣，一会是名牌全自动洗衣机，一会是最新款手机，还有你那群老在外吃喝的朋友，没一个正经的，这不是折腾钱吗?”

出于女性爱美的天性，这些“高薪女贫族”大部分会把钱花在服饰和化妆品上，而且消费档次还有自己的标准，成为某些世界名牌的忠实消费者。“化妆品我只认香奈尔，逛商场我只去赛特和燕莎。”在外企工作月薪5000元以上的白丽娟对自己的消费有严格的要求。但是，她每天早晨起来使用润肤露的时候总要把倒进手中的润肤露再倒回瓶子中一些，“要不这样做，润肤露就用不到下月发工资了”。

年轻“高薪女贫族”还喜欢把钱投入到爱好和交友上。27岁的刘枚每月收入的70%以上都用在人情消费上。她给自己定了标准，到朋友家做客，带的礼物绝对不能低于500元。她一个大连的朋友的朋友路过北京去湖北，她又是给买火车票又是请吃饭，最后还买齐了旅途用品和礼物，把朋友的朋友送上火车，结果是自己的钱花完了还不够，还从同事那里借了一些。

旅游也是“高薪女贫族”的主要开销。25岁的周丽军是很寒酸的一个“高薪女贫族”。她的衣服、鞋子甚至连化妆品都是从超市里采购最便宜的，她最大的愿望是游遍世界，而这项奢侈的消费逼迫她必须过着节俭的生活。“我已经去了16个国家，明年的打算是游欧洲或者美洲，其实我最想去的地方是非洲，一想起三毛笔下的撒哈拉沙漠，我心里就有想去看看的冲动。”还有人喜欢集邮、喜欢名车、喜欢听高雅的音乐等。

但是，对于“高薪女贫族”的长辈来说，这样的消费方式实在令他们难以接受。在他们眼里，她们是一群不会过日子的年轻人，与自己当年的精打细算花钱形成鲜明对比。但对“高薪女贫族”来说，她们要的是消费所带来的“快乐的感觉”，而不是为满足自己生活的基本需要，尽管她们经常过着温饱不均的日子。

有关专家指出，城市“高薪女贫族”的出现是因为她们生活在一个物质日趋丰富的时代，但是随着这群人人数的增多，新的消费文化也正在形成。专家同时指出，对于城市“高薪女贫族”有些畸形的消费要进行正确的引导，避免因为追求高消费而引发不良后果。

让你的钱动起来，才能有价值

对于一个创业者来说，理财的技能是至关重要的，只有让钱能生钱，才是真正的明智之举。

很多富有的女人出身并不高贵，家人也都很平庸。她们不是天才，也可能没受过什么高等教育，也没有比一般女人更勤俭，甚至不少女人每天只要打几个电话，做做头发，逛逛美容院，每天就会有大把的钞票进账。到底这些富婆们拥有什么特殊技能，是那些天天省吃俭用、日日勤奋工作的平庸女人们所欠缺的呢？她们何以能累积起如此巨大的财富呢？

勤俭是中国妇女的传统美德。在现代社会中，依然有很多女性，有一种守财的习性。她们有一份稳定的工作，平时也省吃俭用，不舍得浪费一分钱，经过若干年的积累后，有了一定的经济基础。面对这不大不小的数目，思想保守的她们往往只会把这笔钱存在银行里搁置着，不能让它发挥出应有的社会效力。像这样只会勤勤恳恳、辛辛苦苦地攒小钱，不会开动脑筋利用小钱去赚大钱的女人，是永远不会获得成功的。

在《圣经》中有这样一个故事：有一天，一个人突发奇想要到外国去，于是他就把自己的家业分给手下的三个仆人去管理。他根据仆人的才干，分给他们银子。有一个得到了一千，有一个得到了二千，另一得到了五千。主人将银子分割完毕之后，自己就到外国去了。

那个领五千银子的仆人拿着钱去做各种投资买卖，很快就赚了五千：那个领二千银子的则买下原料，制造商品出售，做生意赚了二千：那领一千的为了安全起见，将主人的银子埋藏在地里。

过了很长的时间，主人旅游回来了，他同那三个仆人算账。领五千银子的仆人又拿出另外的五千两，说："主啊，你交给我五千银子，而我又多赚了五千。"主人非常高兴地说"很好，你是一个好仆人，从今往后，我要把许多事派给你管理，让你享受主人的快乐吧。"

领二千银子的也带出另外的二千银子来，说："主啊，你交给我二千银子，现在我又多赚了二千了。"主人欣慰地说："好，你是一个好仆人，从今往后，我要把许多事派给你管理，来享受你主人的快乐吧。"

最后领一千的也来，说："主啊，我知道你是仁慈的人。我将你交给我的一千银子埋藏在地里，怕运用不当，做生意赔本，您就请看，银子一分不少还在这里。"

主人听了生气地怒斥说："你这个无用的懒仆人，你明知道我没有散的地方要聚敛，没有种的地方要收割，就应当把我的银子放给兑换银钱的人，等我回来的时候，就可以连本带利收回。"说着，夺过他一千银子，奖给那赚了五千银子的仆人，最后把这又恶又懒的仆人丢在外面黑暗里。

这个故事生动地说明了女人应该怎样对待财富的问题。理财必须经过努力储蓄这步骤，因为储蓄是由无到有，积少成多，慢慢将零碎的资本集成一笔可观并能助你达到目标的资本。但理财并不等于呆板地储蓄，像守财奴一般守护着自己的钱财。如果什么都不做，有钱就储存起来，就理财的观点而言，反而是一种愚昧的行为。理财是要善于运用钱财，如果一味盲目储蓄，反而使自己的资产受到通货膨胀的无情侵蚀。

珍是个没有一点理财头脑的人，对理财也是一点兴趣也没有，她觉得自己没有理财的必要。珍在化妆品公司做公关，薪水丰厚，但她是典型的购物狂，每个月总会去逛很多次街，该买不该买的都买一大堆，然后到了月底就捉襟见肘了。因为家在本地，不用自己租房买房，同时父母工资都很稳定，所以没有一点后顾之忧，根本就没有投资理财的意识，常常是及时行乐般地消费。

特别是办了信用卡之后，珍的财务状况更是变得一塌糊涂。或许是那种不需亲手付出现金的心理作用，花钱的时候更肆无忌惮、大手大脚。因为工作的需要，经常出差和旅游，珍常常就拿着卡去异地消费。刷卡的时候非常潇洒，但每次账单来的时候就会大受打击，因为每个月的消费都严重超支，确实实现了“提前消费”，她也成了一个典型的“月光女神”。

某一天，珍突然发现，自己工作已经三年了，也快结婚了，可一点积蓄都没有。而更令她哭笑不得的是，经过几年的积累，自己房间里竟然有大小音响三套，烤炉两套，照相机三架，手表四块，各式各样的化妆品若干。这样的消费习惯，不难想象珍根本没有任何积蓄。看来，不是财富迟迟不来，而是没有学会理财，及时抓住财富。

女人们必须懂得一个道理：会理财的女人必定能吸引财富，而相反不会理财的女则会被财富排斥。

事实上与男性相比，女性在理财方面更具有潜力。不管你相不相信，女人的确比男人更会精打细算，也比男人更会预算。所以女性应当充分地发挥这个优势，利用小财去获得更大的财富。

学会投资，增加收入

许多女性一想到把剩余的钱拿去做投资，就不知如何是好。大多数的妇女因为必须常常精打细算，所以非常了解金钱的价值，有家务上的预算更使妇女了解金钱的可贵。话虽如此，妇女还是很怕决定投资或财务上的事务。由于男人在商业上的行为，使妇女误以为投资是很复杂的事。其实，赚钱很简单，不比别的事复杂。决定投资事宜之前，先找出相关的事实与选择，配合可靠的会计师或财务专家，或与其他人讨论她们的财务规划。此外，阅读书报上的财务资讯也是很重要的。

1. 买自己的房子

如果你卖了原来的住房，最好在你卖房子的同时再买一幢房子，拥有自己的资产能使你感到安全、稳定。买房子也是一种投资，房地产过一段时间总是会涨一点的。买个好地点，事前做好市场调查是必要的，然而价钱不要超过自己所能负担的范围。如果你把自己的需求拿给几家中介公司，你就可以找到合意而又付得起的房子。这也许是你第一次一个人处理自己资产买卖的事，你大可从中学习。下面就是一位女性通过房地产买卖致富的经历：

佳·桑玛士，一个年薪原来不到3万美元的教师，发现投资房地产并非高所得者的专利，她既非会计师，对房地产也一无所知，但目前，她在房地产上的资产总值已超过百万。当然，你也可以办到。

根据她的做法，中等收入者可以利用出租房地产的投资，在10年内赚进百万。关键在于将房地产投资视为长期投资，也可视为顺应潮流的退休金制度。

步骤包括利用有效率的贷款、二次贷款等方式，来创造一种长期的投资。只要你拥有自己的家，就可以运用这种贷款方式创造财富。

即使你的家只是小小一个单位，你也可以利用它来购买另一个出租用的房地产。不管已婚或未婚妇女，都可使用这种方法创造未来。许多自力更生的妇女都有一种沦为乞妇的恐惧，她们担心自己到头来一无所有，只能睡在公园的长板凳上乞讨过活。如果你不立刻采取行动，也许你真的会有那么一天。你必须立刻行动，不是两年内或10年内，而是现在。

2. 抵押

设定抵押应该多比较，选择能迅速偿还贷款的项目。如果你能自由偿还本金，则可省下很多利息。多找几家银行比较它们的抵押方式与利率。

3. 开创事业

你可以开创自己的事业作为后盾，而且也能创造周转金。当你决定做什么之后，就要做计划，并拿给财务顾问与银行经理过目。投入资金之前务必先做市调，且必须确认你的点子是可行的。

要与银行经理发展生意关系，与他分享你的财务状况及对未来的展望，因为这些过程务必他的配合才行。尽可能别用自己的房产做担保。待你的生意上轨道之后，仍须与银行经理保持密切联系——别忘了把你每个月的最新情况提供给他。

4. 储蓄策略

永远保留一些钱为急用经费。不管你赚多少，永远存一点起来。最好是存下10%的利润，先把该存的存起来，然后才付账单。储蓄以定存为宜，利息收入再投入储蓄本金。你可以利用一点一滴累积的储蓄，作为紧急之用或用于特殊场合。

下面是一些省钱的技巧，只要巧妙安排，加上很好的市调即可。

(1) 一星期上一次超市。日常用品列表记录，遇缺才补。

(2) 尽可能别带小孩逛街购物。

(3) 谨守日常用品存货表，勿胡乱添购。

(4) 设法在同一时间、地点购买新鲜水果、蔬菜、肉与杂货。

(5) 购买一些你喜欢的折扣品，当礼物备用。

(6) 今日的市场为顾客至上，注意比价，寻找最合理的价格。

掌握理财方法，你的财富会更多

在理财方面，女性注重细节问题，缺乏一些宏观方面的能力，往往在小问题、小金钱上斤斤计较，因此在做事的过程中会让人产生反感。许多女性会因为自己在小事情上理财方式不当，对自己的计划或进展带来不必要的损失。而男性在理财方面注重大局，正是女性的缺陷。下面几则理财方法是成功男性理财的普通方法，希望女士们能从中受到启发：

1. 树立理财的宏观概念，不要在小问题上斤斤计较。

男性在理财方面很注重大局，并具有长远眼观，不被眼前的小问题而阻碍。比如在提高自我与提高下属方面，许多男老板都不惜重金的投入。或参加技术理论培训，或投资引进先进的技术设备或高科技人才。虽然在此方面投入很多，但从整体与远景来看，老板个人的素质是与时俱进的，他的员工、设备、技术等方面都得到了完善，他的收效会更大。

而许多女性在此方面做的不够。有的吝惜小项开支，比如员工要求涨工资、改善工作环境等问题，她们会对这些开支再三考虑。如果是由于临时又要有其他财政支出，一时造成了紧缺问题，她们会取消涨工资、改善工作环境等问题。或是以推辞为理由，或是以安慰众人体谅公司为理由，将小的开支项目取消掉。虽然省的是小钱，往往造成人才流失，从而造成了大损失。

2. 积极在人际关系上投资

男性很重视人际关系，也能在人际关系上不吝惜钱财。他们一般懂得人际投资的重要性，虽然在人际交往上不能以金钱物质至上，但在实际交往中也要适当的投入。特别是在朋友有困难时，男性们很习惯的做法就是慷慨解囊，尽力帮助。有时即使自己没钱，从朋友那借钱也要帮朋友渡过难关。男性比较重情意，所以自己对朋友付出了，日后朋友定会回报。有的男性自己的事业垮了，依靠朋友的帮助还能再度兴起。这就是他们在人际关系上投资的收获。

3. 敢于借钱、贷款干事业

男性心胸比较宽阔，也比较大胆。只要认定干事业，就是眼下资金不够，借钱、贷款也要开创自己的事业。很多时候他们为了把握时机、抢占市场，不惜大量地借钱、贷款。虽然当时他们毫不吝惜地将资本全部投入，事后他们的收益往往也不少。

女性们在此方面不够大气。往往在关键时刻畏首畏尾。虽然自己也想干事业，但出于多方面的考虑，往往在此方面不敢大胆地投资。有时为了维护眼前的一些小利益而丧失了很好的发展机遇。主要是没有胆量投资，理财上缺乏时效性。

4. 学会有步骤有计划地支出

男性们在理财方面一般都按照自己的计划进行。该花的钱一定要花，不该花的钱一定不乱花。在某个时期、某个阶段，该做什么事情，他们都有比较周密的安排。而女性们缺乏理财步骤，在支出上缺少计划。无论近期计划或长远规划，在理财方面都要做出明确安排。如果近期不必要的开支太多，也可能影响你下一阶段的事情。女性在理财上对自己一般要求不严格。往往会有少规划、寅吃卯粮的情况。

5. 学会节俭

男性们在困难时期比较注重节俭，在生活费用方面对自己要求比较严格，不该花的钱一定不花。没有男性在没事的情况下随便去逛商场。而女性则不然，生活消费方面没有规律可寻。不论情况如何，没事就爱随便逛商场。其实生活上并不缺少什么，但逛来逛去，看看这也不错，看看那也想买，不知不觉中自己的钱包就空了。不要小瞧生活不节俭，如果能在困难时期将自己的零碎开销积攒起来，也是个不小的数目。女性朋友们应该学会节俭，非常时期衣服可以穿得简朴一些，化妆品可以用得普通一些，零食少吃一些等，这些零碎的钱积累起来也许能为你办大事。

如果你能从以上方面学习到男性理财的优点，再加上你认真细心的优势，在理财方面你将变得很出色。学习男性理财的长处，关键是要将心态调整好，对男性不要抱有成见，因为每个人身上都有优点与缺点。只要认识到自己是学对方优点的，学了理财的优点为我所用就是了。另一方面不要故步自封，不要认为自己心细、认真，有理财的优势，要虚心学习才能有更多的进步。从男性那里学到他们理财的优点，保证能增加你的财富！

第六章

20几岁抓住好男人，就抓住了一生的幸福

俗话说，女子是菜子命，洒在肥沃的地里是好命，洒在碱地是苦命。贾宝玉也说女子生来是水做的，不过在婚姻的殿堂里，有的成了浑水，有的成了香水，有的成了白开水，有的成了好酒历久而弥新。可见，女孩婚后生活得是否幸福，关键是不是嫁对了人。20几岁的女孩，抓住了好男人，也就抓住了一生的幸福。

第一节　让你中意的男人喜欢你

在茫茫的人海中，如果你偏巧遇上令你心驰神往的男人，那么你要赶紧抓住他，牢牢地抓住。要知道好男人千千万，但能撩动你芳心的可是寥寥无几的。聪明的女孩，会拉起感情的天线，放送电波，从多方面、多角度巧妙俘获自己的意中人。

不要梦想“王子”会从天而降

每个女孩都是先看到童话里的爱情，然后开始在爱情里编织童话。不幸的是她们中的大多数后来都被玻璃碎碴儿刺破了心，开始改写生活的散文。

其实，这并不是男人的错，因为他们不过就是男人而已，“王子”是女人给他们加上去的光环。再退一步说，如果“王子”指的是“男人当中的优秀分子”，那是你削削土豆皮、坐在黄昏的门槛上等就能等来的吗？爱情难道就是女人的一场等待吗？

美琳和陈浩结婚了。身披婚纱的美琳一脸的幸福和甜蜜。大家都冲着陈浩起哄，要他老实交代，是怎么把温柔美丽的新娘子追到手的。没想到美琳说，是她追他的。

大家都不相信，因为美琳是个性格非常内向的女孩，连主动和男孩说话都很少，怎么会？可美琳认真地说，是真的。

美琳告诉大家，去年年初，她应聘到了一家公司，上班不久就发现同事陈浩对自己特别关照。她晚上喜欢写东西，熬夜多了，难免出现黑眼圈，他便在她抽屉里放了补血养颜的红枣枸杞茶；她无意中说自己特别怕冷，年年都冻手，第二天抽屉里便多了一个精致小巧的暖手宝。

陈浩从来没有表白过什么，一切都是悄悄的，但是她知道，他对她好。

因为美琳是个性格内向的人，都22岁了和男生说话还脸红，更别说主动去说什么了。

直到去年十月，陈浩的父亲去世了。

回老家前的那天晚上，陈浩似乎鼓足了很大勇气问美琳：一个男孩喜欢上一个女孩，却不知道她喜不喜欢自己，你说他该怎么办呢？

美琳红了脸，她很想说，其实她也是喜欢他的，可万一是自己自作多情，他只是随便说说呢？毕竟他是男孩，还是等他明确表白吧。

陈浩见美琳不说话，以为她不喜欢自己，非常失落地走了。美琳很想叫住他，又怕他觉得自己轻浮，终于眼睁睁地看着陈浩离开了。

陈浩走了以后，美琳忽然有种很不好的预感，也许陈浩不会再回来了。

这个念头一出现，美琳开始坐立不安。她这才知道自己已经深深爱上了陈浩，如果生活中没有了他，自己将再也不会有快乐可言。

她思前想后，突然作出一个大胆的决定。

几天后，当美琳乘火车一路辗转来到陈浩面前的时候，他简直不相信自己的眼睛。

美琳说："在你最悲伤的时候，我应该和你在一起。因为，我爱你。"

陈浩当场便掉下了眼泪。后来美琳得知，那时陈浩的确不打算再回来了。不久后，美琳成了陈浩幸福的妻子。

20几岁的女孩，不要再梦想一位"王子"从天而降了，你更应该相信自己开辟生活的力量。渴望幸福与快乐的女人别再犹豫了，快看看表，青春可不等慢腾腾的人。山不走向你，你为何不走向山呢？给他一个机会，让你得到你想要的爱情吧！

1. 知彼知己，百战不殆

如果你不太了解他，那么就要赶快打听经常和他来往的女孩子是什么类型，因为那基本代表了他的爱情趋向。如果和他经常在一起的女孩多半沉静温和，你就千万不要扮野蛮女友了。同理可证，如果他交往的女孩子活泼开朗，你就不要一副弱不禁风的样子了。但要清楚，爱情只是让对方看到自己的优点和愿意改变的诚意，不是要你彻底地改变自己。保持你与众不同的特点，那才是你的魅力所在！

2. 明修栈道，暗度陈仓

别怕他拒绝，去主动请他帮你做点什么吧。如果他文笔好，你可以请他帮你修正润色一些总结报告；如果他喜爱宠物，你就可以提议两人共同养一只宠物。两人一起做这些事情，能制造一个双方都参与的机会，同时，也能给以后的聊天准备一些话题。话题越来越多的时候，你有没有发觉，你们的感情正在发生微妙的变化？

有一个女孩说："我是先认识它，然后才认识他的。他经常在晚上带着那只小狗来公园散步，再以后我和它成了好朋友。接着我和他也成了好朋友。一天我们坐在长椅上休息的时候，我拍拍小狗，对它说：'告诉你的主人，你还需要一位女主人照顾。'”

3. 无中生有，兵不厌诈

在周末的夜晚，可怜兮兮地打电话告诉他：“那个死缠烂打的追求者又来烦我，你可不可以来救我脱离苦海？”追求者当然是朋友假扮的，约他出来才是真正的目的。待朋友告辞后，你万分感激地说：“真是不好意思，耽误你跟女朋友约会了，不如约她出来一起玩吧？”他说没有女朋友？哈，恭喜你了，好好把握机会吧。

4. “曲线救国”

如果你是十分害羞的女孩子，就用这一招吧。请一个你最信赖的朋友婉转表达你的爱慕之情，既保全了两个人的面子，又不会有直接面对的尴尬。如果你不愿意将自己的隐私告诉别人，那去打听一下他的QQ号码或者信箱，好好培养一下感情吧！网络既不会让对方察觉你的羞涩结巴，也不会在对方拒绝时让他看到你夺眶而出的泪水。

5. 执手相看

其实你并不懂五行之术，却装出江湖术士的样子，抓起他的手，“我来给你看相。”信口胡说一番，然后伸出自己的手给他看。“请注意我的掌纹和你的掌纹。”说着煞有介事地将自己的掌心和他的贴在一起。“知道这叫什么吗？”你故作深沉，紧接着说，“这叫心心相印。”

6. 借书提问

你可以经常到他那儿借书，有意思的是明明借过的书，仍像新书似的借走了，还很感兴趣地问他这本书怎么样。他会问你：“怎么借书也不会借？一本书借了好几次。”你可以振振有词地说：“我是故意的，要不你还真以为我喜欢你的书呀！”

用心营造一份神秘感

生活中，有些女孩因为讲究纯洁，不会刻意掩饰自己，所以容易被男人看透，特别是容易被坏男人看透。一旦被男人看透，那么她就处于非常被动的地步，不知不觉地被别人牵着鼻子走，这样容易走进别人挖的陷阱，难免会吃亏上当。

即使不吃亏上当，一个女孩一旦在别人眼里变得透明，自己的一举一动都能被人了如指掌，就会给人乏味的感觉。这就像一部被人看过几十遍的小说一样，再精彩的故事也没有人愿意去看，没有人愿意去欣赏。

聪明女孩往往不让人猜透自己，她只让他人看到自己的一面，至于其他的几面就留给对方漫无边际地猜想。站在其他人面前的时候，他会暗想这样的女人此刻正在想着什么，下一刻又会做出什么举动，而不在面前的时候，还会猜测现在这个女人身在何方正在做着什么。

江林的生日就要到了，倩倩决定给他一个惊喜。她用自己积攒了半年的钱为江林在沙滩上筹办 Party，倩倩知道江林的朋友多，喜欢热闹。

倩倩精心地准备 Party 的每一个细节，从表演的节目，到邀请朋友的名单。当一切都准备就绪，倩倩想象着江林看到这情景时惊讶的表情。

这一天终于到来了，让倩倩出乎意料的是，江林很高兴，但是没有惊讶。这个生日 Party 好像完全在江林的意料之中，他根本没有感受到什么惊喜。

生日 Party 很成功，大家都玩得很开心，唯独倩倩有些闷闷不乐。她曾想象了那么多江林可能表现出的惊讶表情，没想到最惊讶的却是自己。难道是谁泄密了？

Party 结束后，倩倩开始了调查工作。

"是不是有人告诉你我帮你筹办生日 Party 的事了？"倩倩的表情严肃地问江林。

江林一边忙着收拾东西，一边答道："没有啊！你的保密工作做得不错嘛！"

"你就告诉我吧，是谁泄密的？我不会跟他说的！"倩倩固执地问。

"真的没人告诉我啊！怎么了？"男孩停下手里的活，看着倩倩凝重的表情，皱了皱眉头。

"那你怎么一点儿惊喜的表情都没有，就好像早就知道了，一定有人对你说了！"倩倩的声音有些不对，眼泪不争气地流了出来。

看到倩倩委屈的样子，江林吓坏了。因为倩倩性格温柔，很少发脾气，性格开朗，从来没有在江林面前流过眼泪。这突如其来的"雷雨天气"让江林有些始料不及。

“怎么了？怎么了？”江林赶紧安慰倩倩，“我怎么不惊喜了？你知道我有多高兴吗？”

“但你表情不对啊？你应当感到非常吃惊才是！”倩倩还是很固执。

“吃惊？我的生日你一定不会忘记，而且一定会为我准备生日惊喜，我知道这一点，所以就没有吃惊啊！”江林笑着说。

“不过刚才你的这番举动倒真的让我大吃一惊了，终于让我看到了你的熊猫眼了！”

倩倩赶忙照了照镜子，看到自己泪眼模糊的样子，自己也忍不住笑了。

倩倩为江林精心准备生日 Party，这是他预料到的，所以没有什么惊喜。而突发的“雷雨天气”，让江林看到了倩倩的另一面，这是他没能猜到的，而这一幕也深深地印在他的心中。

经过这一次的突发状况，倩倩意外地发现了一个秘密。原来一个让男人始料不及的自己更能引起他的注意。于是，她开始刻意制造一些“不一样”的性格侧面给他发掘。从那以后，江林嘴里常常发牢骚地说：“女人真是善变啊！”

聪明女孩就是这样善变，像雾像风又像雨，飘忽不定。聪明女人在大众面前常常将自己包装成神秘莫测的样子，不让别人猜透自己。要知道，猜不透的女人是最能够吸引男人注意的。因为猜不透，男人才会越发想要去猜，想要去寻找答案，然后在受挫中继续前进。

因此，20 几岁的女孩，要使每次约会都有新鲜感并使他对你持续抱有兴趣，一定要在恋爱期间保有一点神秘感。

1. 少说关于自己的事情

如果从自己出生开始到现在的一切，你都对他说得一清二楚，那你对他就根本没有神秘感可言。因此，若提到自己的事也要坚持不说某一时期或某些话题，保留出一段空白的岁月。例如，故意不说有关姐妹的事情，而当对方追问你是否有姐妹时，你可以故作惊讶地回答说：“我没有说过吗？”

2. 不让他送到家门口

男女约会后，通常男方会送女孩回家。这时候你可以特别指定只让他送你汽车站或巷口，且不跟对方说明理由。这种做法也能造成神秘感。在经过一段时间后，你可以找一个借口向他做解释，比如，说在家附近怕被人说闲话。

3. 编造几个特别的癖好

要是你有某些特别的癖好，如绝对不去某个公园，绝对不逛某条热闹的街道，并不作解释，也会让对方觉得你神秘，搞不清楚你是怎么回事。这种特别的癖好，当然可以编造，只要不伤大雅即可，事后稍作解释就行了。

4. 总是在某个时间道别

总是在同一个场所、同一时间跟对方说再见，也能造成神秘感。比如晚上约会时，无论你们两人玩得多么开心，只要一到晚上九点，你就说该回家了。如此连续不断，对方也会莫名其妙，感到不可思议。

聪明女孩施小爱得大爱

聪明的女人应该是个调情高手，有时候，爱的付出体现在一些小事上；费力不大，却影响不小，可令男人深为感动并怀念你的好，换得的是更深挚的关爱。

有这么一对年轻恋人，总在争吵谁先对谁好。女的说："你得先对我好，我才对你好！你不对我好，就甭想我对你好！"男的也不服气："凭什么要我先对你好？"

即使是在热恋中，他们谁也不愿主动为对方多做点效劳服务的事情。女的觉得那样做了，她就降低了身份，成了男人的奴仆；男的也觉得不该去伺候女的，那样他的"大男子"身份就受到了贬损。

直至婚后，他们之间极端的"男权"与"女权"的战争不仅从未停息，反而愈演愈烈，在家务事中谁也不能心甘情愿多做一些，为此时常爆发争吵。

悲剧终于发生。男人与另外一个女人相识并相爱，在这个女人完全奉献的关爱下，男人感悟到了"爱情就是互为奴仆"的伟大哲理，全身心地对这个女人报以奴婢般的奉献，而他原先的婚姻也终于解体。在此之前，他的妻子心甘情愿放下“女权主义”的自尊，来全心挽回这份婚姻，但丈夫那边却已是“爱到尽头，覆水难收”了。

这个案例告诉女人，爱是不能单向索取的。你不能斤斤计较，男人给了你多少，再视情况给他多少“爱”。聪明的女人应该是个调情高手，她只要怀着浓烈的爱心，不求索取地去体贴自己的男人，反而容易激起他对你更大的回报。

要想笼络住意中人的心，就得从日常生活中的小细节入手去打动他。以下给你提供几种讨他欢心的方法，相信会让他加倍迷恋你。

1. 宠宠他的口味

你有没有注意过，他特别喜欢的小点心是什么？也许是牛肉干，也许是风梨酥，只要他说过，你能放在心上，那就最棒了。就算他从来没说过，你也可以观察到：上次买某种点心回家，他吃得很开心。这些都是让他快乐的“线索”。

点心当然不能当饭吃，天天吃；也不是人人都负担得起；更何况天天吃就不稀奇了，还容易生厌。所以，不定期地、隔些时候买一样他最爱吃的东西，宠宠他的口味，那份点心里便藏着浓浓的爱意。尤其是，在你出差或旅游的时候，若能惦记着他爱吃的东西，为他带回家，更能让他开心得不得了。

2. 谢谢他的“好”

当他为你做了一件事，不管那是需要花很多时间的“大事”，或是很容易做的“举手之劳”，你都可以郑重地表示你的感激。一方面这是很好的习惯，表示别人对你好，你都放在心上；另一方面，这是绝佳的示范，让你的男人也学会对你的付出点点滴滴都放在心头。

你可能没有这样的习惯，或不觉得它很重要。举些例子，你便可以举一反三：

你的男人把碗洗好了，你拿一张擦手纸或一条毛巾给他，对着他甜甜一笑，说：“谢谢你，辛苦了！”

你的男人为你拿来一杯茶，你马上说：“啊！谢谢！你怎么知道我正想喝？”

3. 送上细心而细小的体贴

什么时候你最需要一杯热茶或热咖啡？

工作了一天，刚刚进门，身心俱疲的时候；受了一些挫折，心情不太好的时候；不为什么，只是想一个人静一静的时候……如果你在这种时刻需要握一杯热茶（咖啡）在手中，你的男人一定也喜欢。

不要等他开口，你就为他端来一杯热茶（咖啡），然后离开，让他独处。如果他在卧房或书房，那就帮他轻轻地把门带上。

这种贴心的照顾，不是最爱他的人怎么做得到呢？

茶的浓淡、咖啡要不要加糖或伴侣，大概是你最能掌握的吧，此时切忌絮絮叨叨地问他："要茶还是咖啡？""咖啡要加糖吗？""要不要伴侣？""你要喝什么茶？乌龙？绿茶？普洱？铁观音？"疲惫的人或心绪不佳的人，实在没有多余的心力管这么多。你就照平常的方式做好了。那杯茶（咖啡）的内容如何其实并不重要，重要的是它所象征的体贴和关怀。

4．要抓心，先抓胃

中国人的观念向来是"民以食为天"、"吃饭皇帝大"。不是说"要想抓住男人的心，先要抓住他的胃"吗？这句话对很多厨艺不佳的人来说，听起来实在很令人沮丧。其实没关系，手艺平平的你一样可以让你的男人很快乐。

也许你听他讲过，"妈妈的味道"如何令他怀念不已，或者你自己也在他家吃过一道他最喜欢的菜；甚至，那道让他迷恋的大菜是在某家餐馆里吃到的。首先，你要做的是：虚心地向他的母亲（或厨师）请教食谱；其次，你不妨请半天假，把材料买齐，用"做实验"一样的心情，慢慢地做做看。

可能第一次做得不太成功，不过没关系；重点是：你的男人看到你这样细心地要安慰他对某道菜的"乡愁"，也就感动得不得了。

5．制造美丽的意外

你知道他每天的路线吗？什么地方是他可能经过或出现的地方呢？公司唯一的电梯口？他习惯泊车的那个停车场？公交车站牌？

如果你有把握，大概几点钟，他会从哪个地方出现，你便可以偶尔给他这种惊喜——好好地策划一番，和他不期而遇；把自己当做礼物，"送"到他面前。

你甚至可以玩这样的游戏：他快下班时在他公司附近的街角打电话给他，但别告诉他你在哪里，最好让他误以为你在家里。等他走出公司，赫然发现你在他面前，那种惊喜是很戏剧性的。

不过，可惜的是，这种游戏大概只能够玩一次，太经常他就没有这么好“骗”，也没这么惊喜了。而且，这种惊喜不一定要安排在生日那天；可以只是两人想出去吃个饭、独处一下的时候，甚至也可以“哪里都不想去，只想一起结伴回家”。

同样的惊喜也可以安排在飞机场、火车站；你没有说要去接他，却突然出现，他一定非常意外感动。

6. 帮他梳梳头，给他幸福感

当他洗完头、湿淋淋地走出浴室的时候，你会做什么？视若无睹？丢给他一条毛巾？或者，帮他把头发吹干？

如果你能拎一条干毛巾，亲自为他擦拭，再用吹风机帮他吹干头发，你的男人一定觉得自己很幸福。

吹头发的时候，一手拿着吹风机，一手要把湿头发弄松、拨开，吹出好看的发型……做这个亲昵的工作，你一定得“近距离”操作，而且有肌肤之亲。于是，就这么挨挨碰碰、磨磨蹭蹭之下，怎能不亲密呢？

如果你的男人一向自己吹干头发，你可以问：“今天你要不要洗头？我可以帮你吹喔！”

你的男人可能不敢相信自己那么幸福，说不定他会假意地推辞一番：“不用啦！”不过，通常只要你坚持一下，他就会乖乖地“就范”，而且还会在心里产生几分对你的好感。

7. 把他当大男孩哄

男人伤心的时候，像个“大男孩”。这时的你不妨挨着他坐，双手环抱着他，静静地陪伴着。能够递几张面纸给他，当然很好；不过，如果因为要拿面纸而离开他身边，不如干脆不要拿，就让他把眼泪落在你的衣襟上吧！

另一种亲密的姿势是：你站起来，搂住他，这时他的头会正好位于你的胸前。能够埋在你软软的胸脯上大哭一场，他的情绪很快地就能平复。

这种姿势有没有让你想起什么？很像母亲抚慰伤心的孩子，对不？那又怎样？我们很容易发现，你的男人其实也是一个“大男孩”，怎样能够让他得到最大的安慰，你还会吝啬不做吗？况且，你的善解人意与温柔，一定会让他感动万千。

8. 给他关怀更给他激励

印象中的男子汉总是刚毅勇敢，侠肝柔肠，但恋爱不久，也许你会发现并非如此。

现代社会中，人们随着生活节奏的加快，日益困惑和苦闷。男性的心理负荷愈加沉重。人们需要通过各种方式和渠道发泄心中的郁闷，以缓解紧张的情绪，寻求安慰和平衡。抱怨便是其中的一种方式。

对生活缺乏应有的信心的人有如泥滩上的驳船，灰暗而毫无生气。奥地利诗人里尔克有句名言："挺住，意味着一切。"清醒而沉静地面对生活，远离焦躁和沮丧的人，其生命已进入一种境界。这需要长时间的历练。

爱情不是盆景，精致而脆弱。它是一株实实在在的树，狂风袭来时人们需要它粗壮的枝干用来依靠；赤日当头时，人们需要它的浓荫庇护。你应该提醒男友认识到自身对爱情应负的责任，而责任恰恰能成为动力。

给他关怀的同时别忘了激励，这样才能使他不断暗淡下去的生活得以重现光芒，爱情的天空才能晴朗，爱的翅膀才能"在不可言状的幸福中栖落"。

9. 个性传情法

双方相恋的初期，情书是试探窥测对方思想的"投路石"；相恋的中期，它是增强深化双方感情的"加速器"；相恋的后期，它是消融解释两人不爽的"润滑剂"。

在今天的网络时代，时髦的男女们都青睐于"网上爱情"，"E－mail"成为感情的新载体，很少有人铺纸动笔写情书。

无论何种现代通讯手段，提高的都是效率，追求的是便利，从意境格调、浪漫温馨等多方面来说，谁也无法代替情书的功能。试想窗前灯下，夜深人静，铺一张素笺，静静地编织自己的情丝爱网，是一种什么样的享受？对另一方来说，收到一封情书，看着秀丽的字迹，读着滚烫的词语，似乎从这张花笺上能嗅到恋人的气息。这是冷冰冰的电脑屏与标准字体无法传达的一种奥妙感觉。

遇到好男人绝不出让

戏剧大师莎士比亚这样鼓励着我们："爱情是一朵生长在绝壁悬崖边缘上的花，要想摘取就必须要有勇气。"

在恋爱的道路上，除了当事人双方的磨合之外，来自外界最大的威胁就是情敌。没有哪个女人肯把自己心爱的男人拱手相让，但是有些情敌确实是咄咄逼人，为了让你保住心仪的男子，或者保住你的自尊，这里介绍一些对付情敌的战术，或许对你有所帮助。

1. 爱情要争不能让

看过电影《新娘不是我》的人，或许都会被剧中茱莉亚·罗兹勇于击退情敌、追求所爱的行为所感动，即使她最后并没有赢得心上人。

面对情敌，通常，根据大部分的女性的直接反应，因碍于中国人礼仪的习俗以及抱着"天涯何处无芳草"或者"牺牲小我，完成大我"的心态，多半都是缴械投降，要不就听天由命地放弃了，到头来只能被爱情嘲弄，却从未真正拥有爱情。

因此，戏剧大师莎士比亚这样鼓励着我们："爱情是一朵生长在绝壁悬崖边缘上的花，要想摘取就必须要有勇气。"所以，只要你选择聪明、健康的技巧，诚心真意地去表达你的爱意，即使最后你不幸被情敌击退，所代表的意义也只是证明了你是个忠于自己心意并勇于追求真爱的人，怪也只能怪无缘相交了。

所以，如果现在有人正在你身旁大喊："我要击退情敌，赢得所爱。"那么你就应该高兴地告诉她："快点行动吧！再耽搁，情人就跑了！"

2. 对付情敌，先要分清彼此军情

在微妙的爱情关系里，出现情敌是很常见的事，而这情敌可能是对方的朋友、同事或前任情人，甚至就是你的闺中密友也说不定，但在这多重的关系里，必定有强势与弱势的区别。因此，首先你必须分清楚自己处于何种状况。

曾经有过多次莫名其妙打败情敌以及被情敌打败经验的漫画家水瓶鲸

鱼就认为："情敌基本上是打不败的！除非是那位男性做出了爱情抉择。"因此，如何让对方对你保持兴趣、怀有希望并引起他对你的感情则是最重要的。

"因为真爱无敌！"她说。因此不论情敌的大小、外貌、手段，五花八门各有不同，但是大部分的行为模式都有轨迹可循。就好像舵手必须善观风向，否则无以生存，强势的情敌总是能仰承爱人所好，而这种超然无我的手段，落实在爱情游戏里，则是百般地粘住对方，讨好对方，让他被坚贞不移的爱而打动。

对于情敌总是抱着尊敬态度的水瓶鲸鱼，曾经有过一次完全被击退的经验，到现在她仍是相当佩服那位情敌的做法。她回忆说，自己过去有过一个相交多年的男友，就在俩人即将要论及婚嫁的时候，男友的前任女友忽然出现！

"因为我的工作很繁忙，无暇整日守着男友，也以为自己与男友是真心相爱，所以就没有太在乎他前女友的事。后来因为她每天哭哭啼啼地追着男友，并且还对他表示非他不嫁，最厉害的一招是她甚至带男友回家，好让亲朋好友逼问他们何时要婚嫁，最后他们的确成了婚！"水瓶鲸鱼说起这段往事，总结出来的教训是自己当时表现得太不在乎了，并且不得不打从心底佩服男友前任女友的功力。

3．有一个万有定律，也是最好的战术

不论你怎么称呼情敌：爱哭鬼、狐狸精、假仙、可怜兮兮的讨厌鬼，等等，在你看来，这些情敌不但善于惺惺作态，浑身还散发出一股让人闻之作呕的气质，但她们这些作为与用意，对于绝大多数的男性都能发挥其有效的功能，因为基本上每个男人都是喜欢被女人捧得高高在上及被引诱的！

虽说这套方式不见得适用于每个人，可是若遇上这种情敌则不得不小心。

"通常只要是我真心喜欢的人，我会抢在任何人之前，用各种方法让对方及他的所有朋友知道我喜欢他，而且我通常不会将力气花在情敌身上，也不会想尽办法让情敌出丑，因为那样做是打不败她们的！"水瓶鲸鱼说。

资深爱情作家曹又方则在她的许多作品中提醒许多想谈恋爱的男女：

口中说出来的爱，很容易让人拒绝，而行动表现出来的爱，却往往令人无法抗拒。所以，除了要善用自己性别的特质与魅力外，要随时随地付出关心，以软化对方的心，多多制造机会，以减少他和情敌见面，久而久之他必定习惯于有你的关怀，喜欢和你在一起，而情敌也会知难而退了！

4. 你和女友同爱一个人时

和陌生女人争爱情倒是好办，但是，如果对方也是你的好友，怎么办？

这时就应该保持一颗超然之心，你可以趁着你俩喝得微醉时，装作不知道她的事，对她说："跟你说句心里话，我爱上了谁谁，这种感觉真是叫我难以言表，虽然他也对我颇有好感，但我还得不到证实，帮我出出点子，好么？"

这样或许能让好友成全你。如果这招不灵，切不可因此破坏你和好友的关系，应和平展开竞争，让你们三个人都得到充分的选择自由。

记住，爱情是不能出让的。就像电视剧《都是天使惹的祸》中所表演的，护士林小如把自己深爱的男友邵剑波让给了情敌蔡美云。事实上，邵剑波从内心感到跟林小如才更幸福。最终他选择回到了她身边。这就说明，出让爱情也可能会使两个人的幸福都变了味，达不到可能的最佳境界。

第二节 用女人的柔情构建幸福的婚姻

温柔，来自女人性格的修养。女人要在自己的日常生活中，注意加强性格上的涵养，培养女性柔情。为此，女人特别要忌怒、忌狂，讲究语言美，把那些影响柔情发挥的不良性情彻底克服掉，让温柔的鲜花为女人的魅力而怒放。但是，女人的温柔，不是柔弱、柔软、柔顺，丧失了自己独立的人格和独立的个性，也绝非女人的美德，而是一种耻辱。女人的温柔，是柔中有刚、柔韧有度，所以才柔媚可人。柔情似水，是女性诱人的魅力，是一种征服男人的巨大力量。

善解人意带来温馨

善解人意，从字面上解释就是：用善于揣摩人的心意去理解他人。“善解”的“善”，现在来说，不仅作“善于”来解。它还应包含善心、善良的意思。善解人意，首先要与人为善，善待他人，而后才能理解人、谅解人、体察人，体现女性的魅力。善解人意的女人容易得到周围人的好感，容易取得他人的信任，有了他人的信任和好感，与机会的接近也许更多。

俗话说，“善心即天堂。”只有怀抱善心的人，才能爱人，欣赏人，宽容人。她们深知，人字的结构是互相支撑，懂得相互接纳、相互合作、相互融洽。尊重他人的优势和才华，也宽容他人的脾气和个性。对别人，完全是欣赏他美好的地方，而不去计较他的缺点，或者说与自己不合拍的地方。不能理解的时候，就试着去谅解；不能谅解，就平静地去接受。有人说：善解人意者具有放人一马的涵养。缺少善心者，很少看到他人的优势和才华，更不愿宽容他人的脾气和个性，更多地寻找他人的缺点和不足，对他人的理解很难，谅解更不易做到，怎么会善解人意？

美国文学家切斯特菲尔德说：“用你喜欢别人对待你的方式去对待别人。”人，都是需要别人理解、同情和尊敬的。推己及人，与人相处应该豁达一些，像知名作家叶延滨说的来个“礼让三先”：与同事相处先让三分，与长者相处先敬三分，与弱者相处先帮三分。果然如此，那么沐浴我们的必将是阵阵和煦的春风和一片灿烂的阳光。

善解人意，还在善于体察他人的心境，给人以及时雨一样的帮助，让温馨、祥和、慰藉来浓化人生，沟通心灵。比如，对窘迫的人讲一句解围的话，对颓丧的人讲一句鼓励的话，对迷途的人讲一句提醒的话，对自卑的人讲一句振作的话，对苦痛的人讲一句安慰的话……这些非物质化的精神兴奋剂，既不要花什么金钱，也不要耗多少精力，而对需要帮助的人来说，又何啻于旱天的甘霖，雪中的炭火？

人生在世，与人为伍，许多人常叹善解我者难求。那么，你就学着去善解他人吧。善解人意难就难在我们一般不会轻易放弃自己的“成见”，比如说，当你觉得让你升职的领导就是好领导，否则这领导就不称职，这明显是以是否满足自己的需求作为衡量好坏的尺度。又比如，我们总被各种“应该”所包围，“你应该听话”，“你应该坚强一点”，有许许多多这样的应该存在，哪里还有善解人意的市场。

善解人意对女人来说是一笔不小的财富，当你在生活或职场中用一种理解、谅解、善良的心态去对待他人，对小事情并不经经计较，你赢得的不仅是他人的赞美，更重要的是你内心的满足和放松。

少点自私，多点谦和

成功的女人都有一个特定的标志，那就是谦和。靳羽西在她的书中说：“女人更应该发挥谦和的优势取得成功。”谦和，不仅仅体现在为人处世上，更是人性的一种自我锤炼。生活中，我们不是事事都懂，只会在“遭遇”事情后，秉着自己的本性，作出一种相应的反应。我们都只是在经历，在摸索，根本没有一个自己的答案，那么在这样的时候，我们应该怎么去应对问题呢？这应对的功夫，就是体现你日常积累，体现修养的时候了。

我们在处理事情时，几乎都摆脱不了一切以自我为出发的态度，先把自己的利益、利害得失摆在第一位，再煞有介事地装谦和，或根本就一点也不懂得要谦和，只赤裸裸地体现自私的那一面来。

不懂得做人做事要谦和，很容易让自己陷入一种对立的处境中。谦和是一种不俗的风度，也是那些成功女人取得成功的一个重要素质。一个人虚怀若谷是必要的，但问题是，大多数人骨子里没有那么善良的理念，他们更崇尚的是权利的追逐、名利的提升，和由此带来的金钱的丰厚回报，他们知道谦和是一件标志性的外衣，是特定人群里的通行证，而因此他们也非得谦和一把不可。

黑格尔是学识渊博的德国大哲学家，也是极谦和的人。对黑格尔来说，谦和已经成为一种习惯。朋友们聚会，一位朋友问他："您一贯谦和的习惯是怎么养成的呢?"

他没有直接回答，而是讲了小时候的一件事：有一天上午，父亲邀他一同到林间漫步，他高兴地答应了。父亲在一个弯道处停了下来，专心地听了一会儿，问黑格尔："孩子，除了小鸟的歌唱之外，你还听到了什么声音?"他仔细地听了一会儿，自信地回答："我听到了马车的声音。"父亲说："对，是一辆空马车。"黑格尔惊讶地问父亲："我们都没看见，您怎么知道肯定是一辆空马车呢?"父亲答道："从声音就能轻易地分辨出是不是空马车，因为马车越空，噪音就越大。"

从此以后，黑格尔将父亲的话牢记在心。每当要出现粗暴地打断别人说话苗头的时候，每当要出现自以为是、贬低别人苗头的时候，他都会想到父亲的提醒："马车越空，噪音就越大。"谦和与高尚是近邻，谁越谦和，谁也就越接近高尚。谦和像一件神奇的衣裳，谁穿上它，谁就会变得更加美丽。

不知道有多少人真正意识到，做人应该时时省察，时时检视自己的内心，每个人都有着或这或那的缺点，都是在不知不觉中积淀下来的。然而，多数人都是听之任之，因为这个社会就是这样，自己也就随大流了。就是在这样的环境下，人往往放松了对自己监督的警惕，一任如尘的世事将自己本来的真面目淹没，到最后，也就不认得自己了!

其实，善与恶，美与丑，都是一体的两面，一个人如果时时检视，勤勤拂拭自己的内心，只会让自己的心头越来越明澈，也越来越有了种"禅定"的境界，"静"，是沉淀的最好方式，是让自己终于明白，终于从千丝万缕的缠缚中解脱出来的一种方式。谦和是一种态度，让我们认识到自己的不足，谦和也是一种包容，包容着别人的缺误。

总之，谦和不是虚伪，离群不是清高。一个真正谦和的人，必定是一个能包容的人，一个知道长进的人，也将会是一个成功的人。

一个人就算再有成就、能力、才华，如果不懂得谦和，就会招来许多的嫉恨或批评，而若能谦和待人，不但在背后攻讦的人少了，就算真有人要无端攻讦，也得不到众人的共鸣。谦和，是防弹衣，在这个容易眼红、暗斗的社会里，您一定要懂得穿上它。

让女人味给爱情带来温馨

女人味是女人的神韵，女人有味，三分漂亮可增加到七分；女人无味，七分漂亮可降落到三分。

不可否认，这是一个张扬个性的时代。女人的性格特点多种多样，乖巧的、天真的、野性的，不管哪种女人只要按照自己的方式去生活，都有其优势。但是，有女人味的女人，一直在中国传统文化和审美标准中，占有一席之地。其实，女人味的更深含义是女人更懂得自己身上的柔美，并把这种柔美发挥出来。有女人味的女人往往更容易得到男人的青睐。如何培养女人味呢？可以参照以下几条。

1. 穿高跟鞋

一双合适的高跟鞋配上薄丝高筒裤，会令你的双腿亭亭玉立，在男人眼中增加许多难以言表的魅力。

2. 适度裸露

女人关键部位露得太多，会被误认为是“暴露狂”，不正经。故如何露得恰如其分，是一门大学问。对颈部有自信的女人，穿V字领的衣服，再搭配项链，即能衬托美丽的颈线；对肩部有自信的女人，不妨穿着削肩、直筒型服饰；如果担心肩露太多，不妨缀一些花边或是搭配围巾；对胸部有自信的人，可以多解开一个衬衫的钮扣，穿透明衬衫搭配同色系的花边胸罩。对大腿有自信的人，宜穿迷你裙。若穿长裙的话，宜露出足踝。

3. 显露羞态

害羞是女人吸引男人并增加情调的秘密武器，出现得适时而又恰如其分，便成媚态，是一种女性美。一派天真的脸上突然泛起红晕的少女，没有哪个小伙子不会动心。但要注意此态不可“使用过度”，否则有淫荡意味，那就走向反面了。

4. 使用固定牌子的香水

选择适合自己某种固定牌子的香水，会成为你的专有标志。一般人多把香水洒在手帕、衣服上，这不但使香味易于消失，而且会使衣服招致虫蛀。有些女人把香水涂在发根、耳背、颈项和腋下，这也不好。最好的方法，是把香水涂在肚脐和乳房周围，另用一小团棉花，蘸上香水放在胸罩中间，这样不但使香味保持长久，还可以使香味随着体温的热气，向四面八方溢散。

5. 学会动作语言

那脉脉含情的目光，那嫣然一笑的神情，那仪态万方的举止，那楚楚动人的面容，有时胜过了千言万语。

6. 培养你的“神秘之美”

把自己塑造成带点神秘感的形象，让他觉得你永远是个谜，是一本百读不厌的书。

7. 给恋人送一个甜蜜的绰号

送一个甜蜜的绰号给你的恋人，会使你们彼此间显得更加亲密无间。

8. 有时候撒娇

当你花了很多钱买了几张戏票，准备约丈夫一道看戏时，你可以在电话中用孩子的顽皮口吻说：“我是个很坏很坏的坏小孩。我买了几张戏票，我如果告诉你票价有多贵，你一定会大发脾气。可是我保证，只要你不生气，我就吻你一下。”相信你的丈夫听了，会哈哈大笑的。

9. 娇媚惹人

女性的娇媚是有分寸差别的。娇媚表现得恰到好处则为风流，娇媚得过分了则为下流。通常，所谓风流是先天的，下流则属于后天的。不具有娇媚特点的女人，男人会感到索然无味。

10. 恰当的软弱

为了满足男性天生喜爱“保护”女性的心理特质，适当表现一下“弱”是必要的。这种“弱”既可表现在生理，一副弱不禁风的模样，也可表现为精神方面的“弱”，像怕打雷或者容易掉眼泪。

12. 轻轻的叹息可打动他的内心

诱使他一起到稍有情调的酒吧，两人肩并肩地坐在一起，然后在前30分钟照平常一样快快乐乐地聊天，并且喝适量酒。30分钟之后，你便开始玩弄手中的酒杯，并且把目光盯在他的指尖附近，悄悄地叹一口气：“唉！”他敏感地注意到，从而用担心的眼光注视着你。你立刻迅速地躲开他的视线，再给他致命一击，轻轻地再“唉”一声。他对你的叹息一定会生出许多猜想，担心你不再喜欢同他在一起了。这时，他便会想方设法检查自己的不是，并急于向你表白他多么喜欢你，爱情喜剧将进一步上演。

聪明女孩的爱情保鲜法则

有人说，漂亮的女孩容易获得爱情，可是容易获得的爱情也经不起吵闹分合的碰击。有人说，女孩是感情动物。其实，所有的女孩都需要一点点预谋，让爱情永远鲜艳。利用好下面的招数，对你的爱情很有帮助，试试吧！

1. 眼泪

眼泪，是女人制伏男人的武器，但是，宝剑可不能轻易出鞘！不要动不动就落泪，过多的眼泪不但无法引起怜爱，反而使男人对你的哭泣有“免疫力”。眼泪，是用来表达忧伤或愤怒的，不是用来凸显你的任性与跋扈的。不要他一不遵照你的“旨意”，或是你的要求没有得到满足，就泪眼婆娑。这样的眼泪只会成为男人的负担，然后把他吓跑。

看到悲情电视或电影，哭得像个泪人儿，让他知道你有一颗脆弱善感的心。争吵时，他说了重话，或者他有了二心，都是落泪的“必要”时机。特别是两人发生争执时，与其硬碰硬，倒不如适时运用“泪弹攻势”化解僵局。很多时候，泪水可能是结束战争的最佳使者。

2. 顽皮撒娇

没有一个男人可以抗拒女人的撒娇。不管女人年纪多大，有时撒娇任性，赖皮一下，可以增加感情的“蜜”度。花前月下，佳人赴约，你可撒娇要他为你摘天上的月亮。斗嘴辩论斗不赢他，赖皮地说：“谁叫你比我大，大就该让着我啦!”约会迟到了，不妨娇嗔道：“每次要见你，都不知道要穿什么衣服，犹豫不决，所以耽误了时间。”情人的对话，总免不甜蜜道旁人觉得肉麻，不过，听在当事人的耳朵里，可是字字甜入心坎，句句叫人销魂。

3. 嫉妒

一个不懂嫉妒的女人，就像拍了弹不起来的皮球，令人乏味。

你不必隐藏嫉妒和醋意，适时而恰到好处的嫉妒，可以证明你对他的爱与重视，满足男人的虚荣心。嫉妒，让他有被爱的感觉；猜疑，则会使对方感到被束缚，不被信任。因此，你可以理直气壮地要求他不准偷看女人或讨好其他女人，但别太疑神疑鬼，任何一点风吹草动，就以为对方要变心，这种过度的猜疑只会沉淀成感情的阴影，最后，扼杀掉彼此的爱。

4. 吵架

情人发生争执或口角在所难免，吵架不但能发泄情绪，更可增进了解。若是一味消极地攻击指责，不但解决不了争端，反而会惹来厌恶和反感。发怒吵架要对事，而且收放自如，该闹则闹，该停则停，见好即收，绝不恋“战”。吵架要给自己留下台阶，给对方留条后路，否则，一不小心吵翻脸了，对你只有坏处。别当众争吵，让他觉得有损面子和男人尊严。

记住，女人要泼辣，而又不要太辣，就像黑胡椒一样，够劲又不伤胃。聪明的女人即使发怒，也要想办法充满美感。杏眼一瞪，樱唇一撅，姿势多妙。横眉竖眼披头散发，泼妇骂街歇斯底里，只会破坏你在他心中的形象和地位。

5. 若即若离

和男人相处，女人要有点黏又不太黏。有时给他绑上一条绳子，让他学会牵挂；有时，给他一些空间，任他放牛吃草。整天黏着他，他会觉得“我好比那笼中鸟”毫无自由，但是，过分放纵他，他可能会忘了回来。

要像母亲一样宠他，呵护他，也要像女儿般依赖他，向他撒娇。你必须是他的知己，陪他做梦、发牢骚；在他吹牛时，还是坚持以崇拜的眼神看着他，甚至你还必须是他的“敌人”，适时给他一些刺激和打击，让他振作起来。

这就是男人心目中“全能女性”的特质，如果你掌握这些特质，那么，你的男友就会像孙悟空一样，永远也逃不出你的手掌心。

第三节　聪明女孩慧眼识别好男人

俗话说“男怕入错行，女怕嫁错郎”，一个女孩一旦嫁错了人，就毁了一生的幸福。因此，一个20几岁的女孩，要擦亮双眼，选择一个适合自己的好男人。

一眼看透与你相交的男人

有一个女人叫陈微，已经为人妻，为人母，在很多人看来她是一个幸福的小女人。可是有一天，她跑到一个好朋友那，神秘地说，她要和丈夫离婚。

陈微一直以来总是一心一意爱着她的丈夫和她的儿子，这样的生活平淡真实，幸福就像是湖水般的清澈明了。

突然有一天，一个男人出现在她的世界里，明明知道她有家庭，可是那个男人依然优雅地说他一直都喜欢她，他们本来是同事。男士幽默、风趣，对她更是体贴入微。而她的丈夫木讷、呆板，一点生活情趣都没有。

经历了一番周折，陈微终于离婚了。一个美满和睦的家庭就这样支离破碎了。丈夫叹气，儿子大哭，她心痛。可是她已经顾不得这么多了，她看见幸福在向她招手。

出乎意料，和那个对她体贴入微的男士结婚三个星期之后，她又哭哭啼啼地分手了。

满胜愁容的她又来到朋友那里，痛不欲生地倾诉着她的不幸。

原来这个男人是一个花花公子，男人对她的热情也如昙花一现。男人的脾气十分古怪，而且孤僻。以前这个男人对她百依百顺，现在他动不动就出手打她。她实在受不了，无奈之下，他们只好协议离婚了。

20几岁女孩，初涉社会，对男人了解不多。那么，一旦和男人交往，怎样才能知道这个男人是否可以相处，甚至以身相许呢？这里给你提供几条妙计，不妨一试。

1．看他的生活用品

他的家里摆满书还是摆满球赛优胜奖状？是不是摆着与家人的合影？不经消毒你敢用他的卫生间吗？家里是不是凌乱不堪？或许是他一时没空收拾房间，如果他就是不爱整洁，那他将很难改变恶习。你必须作出决定：你能与这样的男人生活在一起吗？你有把握改变这种脏乱的环境吗？

2．看他交的朋友

你不可能喜欢他所有的朋友，如果你不喜欢他大多数的朋友，这就是提醒你：他不适合你。男人结交一些女友也不是坏事，这有助于他理解女性的特点，也表明他能与异性交流。如果他只有女朋友而没有男朋友你就要当心了。极有可能，这样的男人时常感到其他男性的威胁，他需要在异性面前坚定自己的自信心。

3．看他如何对小孩

他如嫌小孩麻烦，拒绝对小孩的亲近，那他永远不会成为一个好父亲。如果他非但不讨厌小孩，还乐于与小孩交谈，甚至伏身听孩子说话，趴在地板上与小孩一起游戏，这个男人无疑将成为一个好父亲，你值得与他发展关系。

4．看他是否守时

与他8点约会．他9点才到，说明他没把你放在心上。他觉得自己的时间比你的时间更重要，这实际上是他缺乏对你的尊重。

5．听他爱说什么

如果他在女友面前充满温情地谈起自己的家庭，这种男人最能打动女士。如果他希望你与他共享欢乐或分担痛苦，这种人比较自私。还有一类男人喜欢对别人品头论足，看不起任何人，听信传言，甚至对别人的遭遇幸灾乐祸，这种男人趁早离他远点。

6．看他对前女友的评价

讲女友坏话的男人靠不住。既然曾经相爱，为什么要诋毁其名誉？尊重自己以前的女友，才是大度的男人。如果他总是在你面前说前女友的好话，说明他仍想念她，旧情难忘。

7. 看他对母亲的态度

对母亲不好的男人，你别去亲近他。男人对母亲的态度就能说明他对女性的态度。尊重母亲的男人，同样懂得爱自己的妻子。但是，要注意，如果男人过分依恋母亲，言听计从，很可能缺乏独立性，这样的男人很少有男子汉的气概。

8. 看他如何看待金钱

有的男人总是抢着付账，这并不能证明他大方，反而表明他想控制女友；吝惜、小气的男人在情感方面，也注定斤斤计较。至于挥霍无度，经常透支，甚至负债累累的男人，千万不可与他交往。

9. 看他对工作的态度

从某种意义上讲，男人对工作的态度就是对生活的态度。凡是在工作上稍不顺心就跳槽的男人，几乎可以预料有朝一日，夫妻关系出现一点点挫折，他也会一走了之。

10. 看他的心理是否健康

爱讽刺别人的男人，其实是借贬低别人抬高自己。这类男人心理不健康。还有些男人无缘无故发火，有时冲着电视节目喊叫，还可能对餐厅服务员非礼。他可能在精神方面潜藏着隐患，有发展成抑郁症的危险。

识破男人的花言巧语

男人经常对女人撒谎已经是一件公认的秘密，年轻女孩被男人的花言巧语哄骗的事件不在少数。

小乐与高军相识在2007年，当初，他们只是网友关系。那时，小乐刚失恋。“他说话很有一套，全都能讲到你的心坎里。”可能是年长几岁又有生活阅历的缘故，在小乐眼里，高军就像位大哥，能开解、安慰她。

两人在网上接触了一段时间，渐渐的，有了好感。今年年初，小乐飞去了广州，她终于见到了高大哥。这次见面，也改变了他们的关系，高军和小乐相爱了。

交往之初，有件事给小乐留下深刻印象。年初，小乐想买车，向高军打听，结果，高军显得非常热心。他首先告诉小乐，这方面他有关系，肯定能拿到一个优惠价。而且，有些品牌的车在广州买，比在杭州买更划算。

几通电话后，事情果然有了眉目。虽然最后小乐还是在杭州买了车，可通过这事，她感觉高军能干，人脉广，是块做事的材料。小乐爸爸曾许诺，等到小乐结婚，会一次性给她300万元。有了这笔钱，再加上高军，小乐曾信心满满："他会引导我们创造个美好未来。"

今年4月，高军又提出要带小乐见家长。小乐有些犹豫，她其实是想等高军见完自己的养父母后，再见他父母。高军同意了，几天后，他们一块去了小乐养父母家，靠着一张嘴，高军把两位长辈哄得很开心。

不过，回来之后，去高家的事，就没人再提了。因为自己的成长经历，小乐对见高军父母并不热心，她始终觉得，那只是个形式。况且，高军都到这个年纪了，又结过一次婚，他的事应该能由自己做主。高军也说过，他父母对她特别满意，让他们一定好好相处。

不仅如此，有一回，小乐在广州，曾路过高军父母家。高军又说，索性去见一面，小乐没同意，她坚持在车里等高军。没想到，几分钟后，高军回来了，还带回一串荔枝，说他妈妈在窗口看见小乐了，说她挺漂亮的，还让他带荔枝给她，请她尝个鲜。

听了这些赞美的话，小乐真有点乐晕了，她以为自己找到了好归宿。

他们的婚期原本"定在"奥运会之后。春天景致特好的那几天，他们去西湖边拍了婚纱照。影楼通知小乐，这两天可以取件了。但两人已经分手。闹分手的这段时间里，小乐曾几次联系高军家人，希望得到一个解释，结果，来接电话的人竟是高军妻子。原来，高军两年前就结婚了，高军妻子告诉小乐："你是第14个被他骗的人了。"

女人最喜欢听的是甜言蜜语。可是，我们要知道这世界上出自男人之口的甜言蜜语有多少是谎言，有多少是欺骗呢？

据统计，男人通常爱说以下的谎言：

我爱你！——期限到他不爱你为止，或许明天。

从来没有人给我这种感觉。——他有健忘症吧。

我还是想跟你在一起。——即使他现在已有女友，或已有妻子。

我绝对不会告诉别人。——认识的人除外。

我会再打电话给你。——结束谈话的最好方式，再打电话，下辈子吧。

你的过去我不在乎。——如果你没做什么坏事的话。

你是我的唯一！——唯一不知情的。

其实我刚刚一直在想你。——昨天呢？前天呢？还有明天呢？

我会让我们的生活永远充满浪漫情调。——可以肯定，说这话的男人正在热恋或婚龄尚未满三年。

我对爱情和婚姻永远忠诚。——如今找个绝对忠诚的男人，不比中彩票头奖容易。

我会一辈子照顾和体贴你。——这话好温馨，不过它的存活期略长于昙花。

我绝对不会对你说谎！——但是也不会说实话。

如果没有你，日子怎么过？——过几天看看，他还不是活得好好的？

我累了，今晚不想。——跟别人就不会。

我会照顾孩子的，请你放一百个心。——他连自己都照顾不了。

我未婚。——他有选择性失忆症。

我真的配不上你，你对我真的太好了！——男人乞求原谅的绝招。

这一次我是认真的！——这是他的口头禅。

相信我，我跟她已经分了。——分？是分不清楚吧！

我一定会离开她！——或许等你死了以后。

我是为了你好。——省省吧！要听他说实话，等他长大吧！

我下次不敢了。——如果狗改得了吃屎，就再给他一次机会。

你是唯一了解我的人。——不，你一点都不了解他！

我加班还不都是因为你？——跟别的女人应酬何其辛苦。

你的美充满灵性，是照相机捕捉不到的。——因为用的是傻瓜相机。

没有你，我会疯掉！——他不要你的时候，就会痊愈。

我永远不会让你生活在谎言中。——这是好莱坞电影里的对白，也是他永远无法兑现的承诺。

我如此拼命奋斗，就是为了你和这个家。——不要热泪盈眶，他首先是为他自己，为了像周围的成功男人那样吃喝玩乐。

我会让你一生都幸福和快乐。——这话真让人陶醉，但男人说这话时，要么喝醉了酒，要么被眼下的幸福冲昏了头。如果你妨碍他继续幸福和快乐，他恨不得像甩掉粘在手上的口香糖一样，早点把你甩掉。

我是一个很会生活的男人。——蜜月期间会炒一手好菜，变着花样给你做早点，家务井井有条。蜜月期结束，这些就是你的任务。在你被家务累得腰酸腿痛，他会理直气壮："女人不干这些干啥？"

聪明女孩不嫁9种男人

有人说婚姻如鞋子，合不合适只有自己知道，但选择一双合适的鞋子并不容易。现实中，有些女孩选男友有时也像赶时髦，流行什么样的男人，她们就一窝蜂地冲上去，在她们心里只有流行的东西就是最好的，不管适不适合自己。要明白，选老公最能体现一个女孩的智慧，聪明女孩知道，有些男人即使条件再好也是不能嫁的。

1. 家庭不和睦者不嫁

从一个悲剧式的家庭走出来的男孩，不管他有多么的出色，他对自己的痛苦描述得有多么动人，你都只能把他当成一般朋友而不是丈夫。一个好丈夫的种种品性只会来自遗传和上一代的身教，书上是学不到的。

2. 不懂交友之道的不嫁

如今在世上行走做事，无非交友二字，朋友是男人最好的广告牌。没有朋友，连找个伴郎都觉得很累的，你可以直接说再见，这样的男人以后会很守家，但你守着他就没味道了。还有一种男人交友遍天下，手机一天到晚叫个不停，你要格外警惕，这样的男人多半受人欢迎，但结了婚会常常念叨"妻子如衣裳"一类的坏话。

3. 很酷很深沉的男人不嫁

这样的男人总是一副莫名痛苦的样子，愤世嫉俗，沉沦发泄。这种人是碰不得的，因为他们生活在自己营造的自以为是的悲惨世界中，爱得死去活来，却追求一种得不到的境界，他们若即若离，令女性痛苦不堪。他们误导了一些向往爱得轰轰烈烈的女孩，然而，这种爱情只是昙花一现。

4. 过分追求事业的男人不嫁

有事业有地位的男人最受女孩青睐，但若过分看重名利，尤其是出身贫寒却一心想出人头地的男人，他们往往会牺牲感情，而选择那些能在金钱、权势、能力等方面助他们一臂之力的女性。这种男人的择偶是有条件的，不是真正可患难与共的伴侣。

5.“浪子”型男人

他们交游广阔、风流不羁，也从不打算一辈子对着一个女人。但“男人不坏、女人不爱”，不少不信邪的女孩子跃跃欲试，试图用真情或纯情去打动他们，这只是一厢情愿的做法。

6. 大男子主义者不嫁

他们喜欢呼呼喝喝，一副对女人有多不在乎，“大丈夫何患无妻”的样子。这种人若是表面如此，而你也爱他，那就迁就维护一下他的大男人尊严吧。但若骨子里真是如此，那就小爱也多余。

7. 油腔滑调的男人不嫁

他们甜言蜜语，外交辞令一大堆，虚伪地恭维每一个女性，令人浑身起鸡皮疙瘩，感不到一丝诚意。然而不少女孩就爱这一套，被灌得迷迷糊糊还沾沾自喜。这种人平时应酬应酬，当做生意朋友还可以，切不可把他们的话太当真。

8. 有不少异性朋友的男人不嫁

他们对每位女性都很关照，俨然一个大哥哥大好人。男女之间是否有真正的友谊尚待探讨，但若他对每一个红颜知己或好妹妹、好朋友都事无巨细揽责任上身，自然会无暇顾及你。不信，试试看。

9. 过分注重外表的男人不嫁

有的男人过分注意自己的形象，比如穿着永远隆重得体，出门前梳三次头照三次镜子。表面上他是为了取悦女人，实际上很有可能他最爱最关心的人是自己，而且比较自我，很少顾及女方的感受。

当然还有很多男人不在上述之列。

20几岁女孩，在生活中如果遇到具有以下特征的男人，要好好把握。

1. 一个男人最重要的品质应该是善照，而且百善孝为先。此理男女皆通。

2. 心胸宽广，这是亘古不变的男性美德。一个大男人连点心胸都没有那还叫男人吗?

3. 会做家务。这是新时代对男同志与时俱进的要求。一个男人的气质和教养是丰富内心的流露，也是与别人真正拉开距离的所在。

4. 有思想、有品位、有内涵。有思想使得他不屑于流俗，知道自己该干嘛。对于所谓的流行，他从来都是个“绝缘体”。有品位的他，懂得匠心独运地表达自己的风格。

5. 懂事，对于女人最重要的是面子，一个不懂得维护女人面子的男人，不要也罢。

6. 有不错的收入。不能给女人带来稳定生活的男人又哪来的资格结婚娶老婆呢？

7. 对自己没有过多的物质欲望，对老婆什么都舍得。这一点非常重要！

8. 拒绝灯红酒绿，不对异性过分热情。他有着良好的生活习惯，灯红酒绿、通宵达旦的宴饮狂欢很少发生在他身上，不是必要的应酬，他不会总在酒吧、夜总会这样的地方消磨时间。他知道自己的价值不是取悦异性，所以不会主动和别的女人搭讪，曲高和寡的才是阳春白雪，但绝不是孤僻。

9. 成熟但有颗童心。一个男人若是真的喜欢一个女人，就应该最大程度地呵护她的纯真。

10. 从容。一个男人真正地做到了这一点，兵来将挡水来土掩，化险为夷，才能在这纷繁复杂的世界里带给女人一份真正的安全、安心的生活，哪怕生活有点难。

11. 长得绝对不能丑，也别太靓，应该是那种越看越顺眼的。

12. 身体健康，懂得养生之道和基本医学常识。

还有一点很重要，婚姻生活是一个有颜色、有生息、有动静的世界，很难想象一个不会浪漫、没有情趣的男人是个好老公。

从抽烟习惯识别好男人

生活中，几个男人聚在一块儿，一边点燃一支烟，一边海阔天空地神侃一通国事、天下事，但很少涉及个人感情、家庭，他们不像女人那样把一切外显，而是深藏内心。

一个男人如何吸烟，以及事后如何处理香烟的行动，可以反映出他自己处理欲望的态度，也能表现出他的性格。有时候，惯常的小动作却会把人的一些无意识的欲望表现出来。

20几岁女孩，也许你刚交了一个男朋友，并且有抽烟的习惯，那么不妨细心观察一下他的吸烟或熄灭香烟的方式，你将能够更清楚地了解他的内心世界：

1. 用水浇灭香烟的男士

这种男人具有神经质的性格，做事过于考虑他人的感受和追求事情的完美结局，无论干什么都兢兢业业，唯恐出现纰漏，造成不好的结果。虽然他也能够表现出对他人的责任心和细致的关怀，但结果往往是，由于考虑得过于周到而物极必反，损失了一些不该损失的东西。这种人如果前一晚和妻子吵架，第二天一整天，他都会心神不宁，有可能千方百计地从生活中的每一个细节方面进行思考、弥补。

2. 香烟还烧着，就直接丢入烟灰缸的男士

这种男人自我控制力不强，金钱观念也不强，对自己的行为没什么控制力，经常将自己的感情及想法任意地表现出来或加于别人的头上。他们付出感情之后，却没有责任心去承担两个人的义务。做事不负责任，自由散漫，不顾及旁人，经常在不经意中伤害他人。在人际交往中，这种人大多会遭到他人的厌恶。

3. 爱用脚踩灭香烟的男士

这种男人，具有性虐待的一面。无论在任何时候，发生什么事，他都想众人以他为焦点，他左右着他身边的人。有时候他会刻意地去追求一些新异的刺激来自我满足，并且常常具有攻击性，干什么事情都不会轻易服输，甚至采取一种游戏娱乐的态度来讽刺他人，弄不好会引起公愤。

4. 烟灰已经很长，却不以为意的男士

这种类型的男人一般是工于心计，处世圆滑且谨慎。他很有主见，善于将自己的本性隐藏起来，与他人交往时不愿意与他人深入交谈，做事情也十分相信自己的思考判断。如果别人的建议不是经过深思熟虑的，他就不会轻易接受。由于不爱与人交谈和解释，常常因某些事而遭到误解。虽

然考虑比较周到，但是由思考转移至行动浪费了不少时间，稍不小心，就会让机会跑掉，结果后悔莫及。

5. 香烟快烧到嘴巴，还是一直吸的男士

这类男人也许是他本身的条件不好，对自己缺乏自信。也许是他特别在意某一方面以至于超出常人的一面，可以被别人接受的某一范围，因此他总是在理想与现实之间徘徊，将各种暂时的失败归咎于自身，常常责备自己，搞得别人都认为他很有责任心。如果这一类型的男人具有积极向上的心态，那么他会利用这一特点，将自己引向一个比较高的目标，不断地追求，不断地进取，最终获得成功。

6. 喜欢将香烟叼在嘴角，烟头微微上翘的男士

这样的男人总是太自信，自以为他在某一领域有足够的经验，无论前面有多少阻碍，都无限制地认为自己能够超越，这是人性的弱点，但同时也是他的一个优点，他愿意向障碍挑战，表现出极强的雄心和意志力，属于那种未来发展性很高的类型。

第七章

20几岁投资健康，为幸福买“保险”

说起女孩的美丽，总离不开漂亮的外表。天生丽质的女孩当然抢眼，可是，没有健康的支撑，这种美丽也容易逝去，林黛玉般的美女在这个时代已成为典故。要知道，年轻时拥有健康的身体是一项重要的储蓄，而且还是一项利率很高的储蓄。因此，20几岁女孩，要想拥有更加美好的生活，就必须从现在开始，关注自己的健康，别让自己未老先衰。

第一节　聪明女孩知道，因为健康所以幸福

看看周围，大多数女孩都在为得到更多的尊严、利益、价值，抛弃了健康——这个人生最大的财富，可是，你有没有想过，即使你得到了想要的一切，开始享受幸福时，已经失去了享受这一切的资本——健康，这还有什么意义呢？聪明的女孩知道，因为健康才幸福，没有了健康，一切都没有价值了。

健康的女孩更美丽

罗兰说过：我们希望见到的首先是健康的女人，然后才有资格谈美丽。

健康的女孩才更美丽。没有了健康，女人还能拥有什么？美丽是女人一生的角逐目标，如果没有了健康，女人只能提前结束这场美丽的竞争。所以，20几岁女孩要想美丽一生，就要尊重自己的身体，关注自身的健康。

不管你是什么角色，不管你多么富有，只有健康对每个人来说是相同的。它不会因你的地位、财富、权利来增加或减少。值得高兴的是，新新女性在追求美丽的同时，也不忘保护健康的身体，那么，关于身体健康的标准是什么呢？

（1）拥有充沛的精力，能从容不迫地应付日常生活以及工作的压力，而不感到过分紧张。

（2）处世乐观，态度积极乐观，乐于承担责任。

（3）善于休息，睡眠良好。

（4）应变能力强，能适应外界环境的各种变化。

（5）能抵抗一般性感冒和传染病。

（6）体重恰当，身材匀称，站立时，头、肩、臀部位置协调。

（7）眼睛明亮，反应敏锐。

（8）牙齿清洁，无空洞，无痛感，齿龈颜色正常，无出血症状。

（9）头发光泽无头屑。

（10）肌肉、皮肤有弹性，走路轻松。

以上10条，体现了健康所包含的身体、躯体的完好状态和社会适应能力三方面的内容。

世界卫生组织对健康下的定义是："所谓健康，不单单指不生病，还包括以积极的心态去认真对待每件事情的精神和社会的适应状态。"以上内容符合健康的基本内容。在新时代，健康的内涵也在不断地扩展。

1. 健康新定义：从三维健康到四维健康

健康的新概念是把人的躯体与精神结合，以及个体与社会结合所提出的，是对健康的一个全面定义。

“三维”健康观念是要求生理、心理、社会三方面达到完美状态。对于生理、心理方面的健康大家可以理解，而“社会健康”是指人在社会中是否处在一个良性状态，如是否有良好的人际关系等。

而我们今天讲“四维”的健康观念，含义更为宽泛，除了生理、心理、社会外再加上一个环境因素。就是随着科技水平的发展，各类环境污染充斥着现代人的生活，这其中不仅包括化学、噪声等方的污染，还包括电波、微波、辐射方面的污染。

新女性的健康把女性健康扩展到社会生活的各方面，我们越来越认识到：失业、贫困、营养过剩、家庭暴力和社会暴力以及各种各样的精神压力造成的心理危机等，都会给女性的健康带来严重危害，所以，新时代的女性健康更应该关注到女性地位和女性生存状态的健康。比如，职业女性的环境健康、女性获得医疗保障的健康支持，如何得到劳保、养老、治安等的社会保障，如何制定关系女性保健的政策、法律问题等。这些都需要全社会的共同支持和参与。

2. 坚定你的健康理念

思想是我们智慧的一部分，如果你长久地持有并不断地重复一种思想，就会使之转变成一种信念。信念是一种能量巨大的驱动力，它为个体的生命和健康创造出生理基础。人的观念一旦树立，就很难再改变。许多观念完全是无意识的，许多女性并不知道，错误的观念会损害我们的健康。

所以，树立并坚定正确的健康观念对你的健康非常有益。从女性的角度来看，在女性一生的活动和使命中，健康是基础，我们需要对自己的健康有更多的了解，包括基因组成和生存环境，只有这样才能确定如何调整自己的生活习惯和方式，获得身心健康。随着我们对医学知识的了解不断增加，渐渐地形成了一种健商观念（健商观念指的是一个人的健康商数、健康智力），从而确定我们的健康方法，并在重视饮食、加强运动、良好的心理调节以及养成良好的生活习惯共同来完成。

只有一个身心健康的女人，才能与自己的生活环境和谐相容从而使人生充满意义和乐趣。

聪明女孩善待自己的身体

身处快节奏的现代社会，很多女性背负着沉重的心理压力，常常在马不停蹄的生活与工作中迷失自己，无暇顾及饮食营养的补充，导致营养缺乏，身体失调。

刚刚26岁的方小姐是一家公司的主管，事业顺利，男友体贴，生活无忧，唯一的毛病就是自己特别容易便秘，每次便秘都会让自己特别难受。虽然难受，可是她从来不去医院看一下，她认为便秘是小得不能再小的问题了，它会自己解决的，只不过解决的速度有点慢了而已。所以，每次便秘时，她都自己忍着。

久而久之，对于便秘这一问题，她已经习惯了。不过，最近，方小姐发现自己的皮肤状况特别糟，粗糙没有光泽，而且时不时地冒一些痘痘出来。刚开始她并没有在意，可是几天之后，她感觉自己浑身没有力气，总是昏昏沉沉的。不得已，她只好到医院去检查。

检查结果显示她的体内有大量毒素未清除，医生说，这是因为她在长期便秘而导致的。体内的废物和毒素不能及时排出去，它们就会随着血液在人体内进行再一次的循环，在循环过程中，有些毒素就会沉淀下来。如果这些毒素沉淀过多，就会导致中毒，从而引起一些皮肤问题或者其他一些疾病。

健康在时，你也许感觉不到它的作用，一旦它走了，你才恍然发现，你失去的是最宝贵的。每个女人都应该关爱自己的健康，不要等到你的肌肤向你提出抗议了，你才去美容；不要等到你的身体已经超重了，才想去减肥；不要等到你的健康失去了，才想去补救。与其亡羊补牢，不如在日常生活中善待自己。我们知道，健康、美丽的身体需要有良好的饮食习惯、充足的睡眠和规律的运动等来培植，可是有谁真正用心去实施这些世人皆知的定律了呢？

从现在开始，每个20几岁的女孩应该养成呵护健康的良好习惯，注重以下看来不足挂齿却有可能影响你一生健康和美丽的细节。

1. 每天早晨洗脸时，顺便将冷水轻轻吸入鼻腔进行清洗。如此既刺激了鼻腔又打扫了卫生。鼻腔经过这样的每日清扫，就会逐渐习惯低温，再有冷空气入侵，也就习以为常，不会动不动就感冒了。

2. 如果外面阳光明媚，偷闲走出去沐浴15分钟的阳光。紫外线不仅是非常好的消毒工具，还可以增强你对钙的吸收，你所需要的维生素D也会轻而易举地得到。

3. 在外奔波了一天，一定沾了不少细菌，回到家不妨将一点柠檬和一点盐混和轻拍面部五到十分钟，然后洗掉。柠檬具有收缩作用和抗菌作用，是极好的清洁剂，它含有丰富的维生素B族，有助于预防细菌生长，对痤疮有很好的治疗作用。

4. 对于长期坐着工作的女性，工作一阵后，别忘了用力耸双肩，尽量贴近双耳，夹紧两臂，然后放松，这一动作可重复10次。通过使颈、背发力，刺激血液循环从而达到放松颈背的效果，以免落下腰酸背痛的毛病。

5. 如果你工作了一天，晚上回到家累得腰酸背痛的，别着急，赶快用一个纸杯盛满水，在冰箱里冻成冰，再沿杯口剪下约3～4寸，在痛处来回擦拭10分钟。如此可让你的痛楚肿胀减退消除。

6. 每天晚上睡觉前，坚持用牙线清理一下牙齿。这样可使你患牙龈病的概率降低85%。

7. 放下工作，关上电视，比你习惯的时间早1小时睡觉吧！多一些睡眠就会使你获得更多健康的免疫力，防止流行性感冒和类似头痛的神经性病症。

8. 下午三四点是你一天中最乏力的时候，不妨吃根香蕉补充能量。维生素B族可帮助人体产生多巴胺、肾上腺素这些振奋精神的神经传导物质，而香蕉正是维生素B族的超极来源。

9. 睡前冲热冷水交替浴，每次淋浴维持约30秒，最后一次是冷水。这样可令你绷紧了一天的神经松弛，让你晚上不至于辗转难眠。

10. 睡觉前伸个懒腰。一个缓慢的、舒适的懒腰对于即将上床休息的人来说是再好不过了，它可以帮助你放松紧张的神经。

11. 在头脑中酝酿一句能对你产生积极和强烈共鸣的名言警句，心情不好的时候，在头脑中将这句话回放5遍。这会使你的情绪更积极向上，更加乐观。好的心情是维持健康的第一要素。

12. 周末的时候，如果你选择在家睡懒觉或者看电视上网，不如出去爬山，这有助于化解一周来淤积在你体内的压力。生命在于运动，调查表明：经常不运动的人比爱运动的人患病的几率要高得多。

13. 平常没事的时候练练瑜伽。没有条件去瑜伽会馆，自己在家练也可以，不仅可以塑造苗条匀称的身材，还可以预防和缓解各种疾病的侵袭，保持你的健康。

14. 不要挤那狭窄憋气的电梯里了，爬楼梯吧。每爬1分钟楼梯，你就会消耗6卡路里热量，即使你只住在4层楼上，一星期也至少能消耗120卡路里热量，1年就是5520卡路里，相当于你一年能少长1公斤脂肪呢。

好习惯让你远离疾病享幸福

据有关数据显示，现在每3分钟就有一位年轻女性遭受妇科病的威胁。这和女人们承受的压力越来越大有关，也和她们自己的一些不良习惯有关。各种阴道炎症、宫颈糜烂、乳腺增生、卵巢癌等，听起来都是那么可怕。如果不想惹上它们，那么从今天开始，就按照专家们给出的建议行动，因为许多妇科疾病无需付出太多，只要持之以恒，一些简单的做法也能收到很好的效果。

1. 保持阴部清洁

预防阴道炎最重要的一点是保持阴部的清洁干燥，保持良好的个人卫生习惯，每天坚持清洗阴部，但避免使用碱性肥皂。在任何场所都不要与人共用浴巾，内裤应勤洗，手洗后在阳光下晾晒杀菌。

2. 采用正确的洁阴方法

最好采用淋浴，用温水冲洗，如果无淋浴条件，可以用盆代替，但要专盆专用。清洗前先洗净双手，然后从前向后清洗外阴，再洗大、小阴唇，最后洗肛门周围及肛门。关于清洁液可使用能够去污灭菌的保健性洁阴用品，但正常情况下用清水即可，不要私自滥用药物。专家提醒：正常情况下不要进行阴道内清洗，有必要的一定在医生的指导下进行。另外，每天清洗1次即可，过于频繁的冲洗会起反作用。

3. 裸睡

你需要新鲜的空气，你的身体当然也需要了。严严实实地捂了一天，在晚上总要给你的身体一个回归自然、完全放松的机会。况且，敏感的阴部如果总是不能够透透气，细菌就更容易滋生，一不小心，阴部感染和过敏就要来烦恼你了。

4. 紧身衣不可常穿

有些爱美的女孩常喜欢穿显露体形曲线的紧身衣。这类裤子紧裆、包臀，面料为化纤织物又密不透气，阴道分泌物和汗液不易散发，使阴道局部的温度以及湿度增高，又闷又热的环境可是滋养霉菌的安乐窝。

5. 警惕异常白带

正常的白带应该是乳白色或无色透明，略带腥味或无味。一般月经期后白带量少，排卵时期增多，质稀，色清，外观如鸡蛋清样，能拉长丝。排卵期后的白带质地稠厚，色乳白，延展性变差，拉丝易断。另外，也有些生理现象如妊娠、口服避孕药时，会出现白带增多，其原因也与体内雌、孕激素水平的变化有关。

如果平时白带无故增多，或伴有颜色、质地、气味的改变，就应该提高警惕。异常白带有以下几种：

（1）凝乳状白带：为念珠菌阴道炎的特征，常伴有外阴瘙痒或灼痛。

（2）白色或灰黄色泡沫状白带：多为滴虫性阴道炎的特征，可伴有外阴瘙痒。

（3）脓样白带：多为滴虫或淋菌等所致的急性阴道炎、宫颈炎、颈管炎引起。宫腔积脓、宫颈癌、阴道癌或阴道内异物亦可导致脓样白带，常伴有异味。

(4) 鱼腥味灰色稀薄白带：常见于细菌性阴道病。

(5) 血性白带：白带中混有血，应警惕宫颈癌、子宫内膜癌等恶性肿瘤的可能性。但宫颈息肉、宫颈糜烂、功能失调性子宫出血病、老年性阴道炎等良性病变也可导致血性白带，宫内节育器也能引起少量的血。

6. 勤上厕所

膀胱炎是一种常见的尿路感染性疾病。由于女性的尿道比男性的尿道短，又接近肛门，大肠杆菌易侵入，所以女性患膀胱炎的几率很高。患过膀胱炎的人都知道那种难言的痛苦：尿频、尿急、尿痛、急迫性尿失禁，甚至出现血尿和脓尿。

赶走膀胱炎其实也很简单，你只需做到勤上厕所即可。增加排尿的次数，可以减少尿道中的细菌含量，细菌减少了，膀胱炎自然也不容易患上了。此外，性生活之后也要马上排尿，避免细菌通过尿道传入膀胱中。

7. 佩戴无钢圈的胸衣

一项调查表明，在200位患有经期乳房肿痛的妇女当中。有85%的人在佩戴无钢圈的胸衣12周之后，乳房疼痛的症状完全消失。钢圈胸衣虽然能托起双乳、塑造完美胸形，但是会严重影响乳房的自由活动，经期乳房膨胀的时候，自然就会引起疼痛。

20几岁女孩要远离香烟

越来越多的女孩开始在手指间夹着香烟，都以为这就是时尚。据调查，城市中抽烟的女性年龄越来越低。有一种女人，她们早已经习惯了在各种场合与香烟相伴。尽管她们有很多吸烟的理由，而在不断上升的烟雾中，她们的青春与美丽也一同在燃烧。

1. 吸烟——健康和美丽的杀手

吸烟，是一种能导致多种慢性、致死性疾病的不良行为。烟雾中的有害物质，可在几年和几十年里缓慢破坏肌体组织，引起支气管炎、肺气肿、心脑血管病和肺癌等疾病，致千百万人丧生。

烟是人类第一杀手。在吸烟的室内，尤其是冬天门窗紧闭的环境里，不仅充满了我们呼出的二氧化碳，还有吸烟者呼出的一氧化碳，会使人感到头痛、倦怠，工作效率下降，更为严重的是在吸烟者吐出来的冷烟雾中，烟焦油和烟碱的含量比吸烟者吸入的热烟含量多1倍，苯并芘多2倍，一氧化碳多4倍，氨多50倍。

有资料表明，长期吸烟者的肺癌发病率比不吸烟者高10～20倍，喉癌发病率高6～10倍，冠心病发病率高2～3倍，循环系统发病率高3倍，气管炎发病率高2～8倍。有人调查了1000个家庭，发现吸烟家庭16岁以下的儿童患呼吸道疾病的比不吸烟家庭为多。5岁以下儿童，在不吸烟家庭，33.5%有呼吸道症状，而吸烟家庭却有44.5%有呼吸道症状。

吸烟对女性有特殊危害，吸烟的妇女如果正使用口服避孕药，会增加心脏疾病发作和下肢静脉血栓形成的机会；吸烟孕妇的胎儿易发生早产和体重不足，婴幼儿期免疫功能降低，容易生病。

吸烟还使女人变老、口腔有异味、刻出脸上深深的皱纹、使皮肤脱水等。

2. 吸烟给女性带来诸多伤害

(1) 更早失去美丽

为了保持年轻健康，你的肌肤依赖于你的皮肤底下不断健康流淌的血液供应。不幸的是，尼古丁收缩血管，导致肌肤缺少关键的氧气而变得不健康。吸烟者与不吸烟者相比，其容貌至少早衰5年。吸烟损伤那些对保持皮肤弹性至关重要的血管及结缔组织，因此，女烟民出现皱纹者是非烟民的3倍。其实更令人担忧的是吸烟在全身生理年龄上的客观反映，它对人体的危害是全身性的、潜在性的，比如引起人体脏器早衰。

(2) 呼吸出现问题。

吸烟使制造唾液的口腔内侧壁膜干燥。而因为缺少了唾液杀菌，你很有可能就会患上恶心的口臭。很多吸烟者口腔有异味，因为她们吸的每根烟里所包含的化学物质都在口腔中徘徊萦绕，这些物质制造出浓郁刺鼻而难闻的味道。

(3) 笑容无法美丽

研究证明吸烟会使你患上齿龈疾病。齿龈炎也就是齿龈发炎，因为吸烟已经将口腔的防御机制一点一点侵蚀掉了。

（4）降低性生活质量

信不信由你，吸烟可以毁掉你的快乐时光。女性吸烟者要比非吸烟者抱怨阴道干燥和性交疼痛的人要多出很多。这是因为吸烟阻止了血液循环，而血液循环对于性唤醒来说很重要；吸烟降低了润滑作用，而润滑作用又对于舒适的做爱来说很重要。如果你的男友也吸烟的话，那么它就毁掉了为他的勃起输送必要血液的血管的正常工作机能——最终“它”就会死气沉沉了。

（5）可能尿失禁

吸烟妇女比不吸烟妇女患有各种尿失禁的危险性高出 2 倍，约有 1/3 的吸烟妇女遭受小便失禁之苦。这是由于尼古丁可引起膀胱肌肉收缩，导致小便溢出。此外，香烟烟雾的刺激，常会使人剧烈咳嗽，减弱了肌肉的控制力，使膀胱括约肌失去控制作用。

（6）提高得癌症的几率

如果你每天吸烟的数量超过十根，那么你比别人得癌症的几率要高出 25 倍。因为吸烟是致癌的，烟气接触过的任何地方患癌症的几率都很大，你的口腔、咽喉、肺，甚至是你的嘴唇！

女性吸烟还可导致中风、口腔癌、咽癌、喉癌、膀胱癌等，以及白内障的形成，并且宫颈癌也更青睐女烟民。

（7）心肺疾病多。

不仅仅是简单的吸烟者的咳嗽，而是呼吸道的阻塞和肺组织的损害。当你觉得喘不过来气的时候，就已经太晚了，女吸烟者会比男性更早地发生慢性阻塞性肺部疾病，包括哮喘、肺气肿和支气管炎。

（8）流产几率加大

吸烟将生育能力降低了 50%，因为吸烟的夫妇体内的镉含量很高，这种有毒的重金属阻止人体吸收锌（对于生育来说至关重要）。

吸烟妇女还面临着各种各样其他疾病的风险，包括心血管病。吸少量的烟，即使是每天仅 1～4 支，也会使心脏病突发的可能性增加 2～3 倍。如果吸烟者同时又是口服避孕药者，那么更有可能患冠心病。有专家称：“口服避孕药和吸烟双管齐下，会使吸烟女人患心血管疾病的危险增加 10 倍。”

丢弃香烟，从现在开始！

第二节　20几岁女孩形体健康的7个标签

女孩追求外表的美丽，多半是发自内心的自我愉悦，外在的修饰虽可改变我们的外表，让我们变得光彩鲜亮，但是这种外在的美丽修饰，只有在我们拥有健康的身体后，才能焕发出耀眼的美丽。从现在开始起，当你再对着明亮的镜子修饰和打扮的时候，不妨同时看清自己身体的健康是否出现了危机。下面我们将告诉你几个自我确认身体是否健康的方法，通过怎样的方式有效调整，让你保持身体的健康，变得更漂亮。

肌肤——因健康而“色变”

“世上最美丽的服饰也比不上一身美丽的肌肤。”女孩的肌肤应有一种独特的质感，这种质感是女孩魅力品级的一种标识，是女性修养、素质、生活品质和性情的一份说明书。虽然肌肤的颜色和质地大部分是遗传的，但后天的保养也很重要。20几岁女孩应该趁着年轻，保养好自己的肌肤。

一个人的肌肤与身体健康有着密切的关系，一般来说，我们的皮肤可以显示出全身气血的盛衰。20几岁女孩应该多多注意观察肌肤的变化，从中了解身体健康的状态。

1. 注意脸色传递出的讯号

通常，一个健康女孩的脸色是微黄，红润而有光泽，这表明身体各机能合作良好。不健康的女人常常表现出多种异常的脸色，如苍白无光泽、潮红、青紫、发黄、甚至发灰黑等。下面便是几种常见的可能表示你的健康有所异常的脸色以及原因。

（1）苍白无光泽

脸部毛细血管充盈不足容易导致脸色苍白，中医认为这大多是属身体较虚弱或寒症，是内在能量不足或者贫血的表现。此外，如大出血、休克引起毛细血管强烈收缩，甲状腺机能减退、慢性肾炎、铅中毒等，也会令脸色变得苍白。

（2）脸色潮红

脸色潮红一般与饮酒、日晒、剧烈运动或情绪激动如愤怒、害羞等有关；从病理上看，也有由于疾病引起的，如伤寒、疟疾、肺结核、肺炎等；另外服用大量激素同样会引起脸部出现暂时潮红的现象。

（3）脸色青紫

大多因缺氧而引起，剧烈的疼痛常常使脸色苍白而带青紫。心力衰竭、先天性心脏病等，都会使脸色变为青紫。

（4）脸色发黄

大多因细胞损害或胆道阻塞使血液中胆红素浓度超过正常范围，渗入组织与黏膜而造成，医学上称之为“黄疸”。主要常见的病有急性黄疸型肝炎、胆结石、急性胆囊炎、肝硬化、肝癌等。

（5）脸色发黑

中医认为脸色发黑是肾亏损的表现，故常用补肾药物予以治疗。此外，肝硬变、肾上腺素功能减退症、慢性肾功能不全、慢性心肺功能不全、肝癌等患者，也会出现脸色变黑。

对着镜子看看，看清你的脸色，如果发现脸色不佳，千万不可视而不见哦！你应提高警惕，找到原因，并及时给予相应的调理或治疗，否则，美丽就会像只鸟儿一样飞走。

2. 究竟是什么损害了肌肤健康

肌肤是我们身体健康的一个标签，健康的肌肤所露出来的一切，本身便是一种美，可是在很多的时候，看镜子中的自己，不免心中发出一阵感慨，为什么我不能拥有像其他人一样美丽的肌肤呢？为什么……你或许急于寻找一条有效的方法去改变肌肤的现状，其实在很多的时候方法很简单，当我们了解到到底是什么损害了我们肌肤的健康后，便会顺利找到。

那么，究竟是什么损害了我们肌肤的健康呢？根据现代医学的研究，对肌肤健康影响主要有以下六个方面的原因：

（1）酒精

过量饮酒（1天超过1杯）会阻碍身体吸收皮肤需要的营养与维生素，还会让人脱水——这就是喝酒过多后恶心头痛的原因。酒精会影响皮肤，导致其失去弹性和光泽，甚至引起血管破裂和酒糟鼻。酒精还能造成面颊出现红血丝，引发红斑痤疮。

（2）过度清洗

清洁肌肤是必须的，但是应该看皮肤适合与否。如果是干性皮肤，过度的清洗坏处多多。比如皮肤发痒，生红斑痤疮，长刺激性粉刺。使用去污肥皂过度清洗，会去掉皮肤表面的保护性油层，使皮肤易遭环境伤害。有人误以为反复清洁油性皮肤能改善粉刺，恰恰相反，过度清洗实际上会使粉刺更多。

（3）熬夜

缺乏睡眠影响荷尔蒙，造成能量失衡，影响情绪、食欲、性欲以及皮肤质量。缺乏睡眠会引起皮质醇激素的释放——这是令我们紧张的激素。皮质醇产生过多会加速皮肤衰老，使我们变成面容扭曲的黄脸婆。缺乏睡眠还影响身体保持的水分，令皮肤失去弹性和光泽。

（4）吸烟

吸烟破坏细胞壁，使皮肤产生皱纹，松弛下垂，还会抢走皮肤的氧气，产生游离基，而且与阳光一样是皮肤提前衰老的主要原因。吸烟的害处还不止这些，它阻止血液营养肌肤，加快皮肤老化，造成不良循环及术后恢复困难，是健康皮肤的主要威胁。

（5）紧张

影响甲状腺及皮质醇水平，造成情绪不稳定、食欲失常、乏力，还引发皮肤病，如粉刺、红斑痤疮、牛皮癣、头皮屑。另外紧张使荷尔蒙水平失衡，引起失眠或睡眠紊乱，导致皮肤干燥、失去弹性。

（6）阳光

长时间在室外接受紫外线照射的女人，肌肤更容易出现色斑，红肿。一旦皮肤被晒黑后，得皮肤癌的几率也很大，尽量减少阳光直射及出门抹防晒霜是保护皮肤的最好办法。

3. 完美肌肤的健康法则

健康美丽的肌肤，来自于精心呵护，只要你在平时多加注意，并且按照下面的方法去做，你便能使肌肤永远闪亮出青春美丽的色彩。

(1) 多喝温水，保持肌肤的弹性

当我们的皮肤含水量会降低，皮肤容易出现紧崩、缺少弹性。这时，最简单最便捷的对付方法就是喝水，喝水的温度最好在20℃～25℃，原因是这个温度的水分子间隙紧密张力增强，与我们身体细胞的水分子结构接近，水更容易渗透到肌肤中。

一天最好喝8杯水，尤其是早晨起床后，空腹喝一杯300毫升温水，可以帮助清除体内垃圾，促进新陈代谢，让表皮细胞得到自然补充。

(2) 时时按摩，消除肌肤皱纹

发现皮肤出现皱纹，要进行恰当的按摩。按摩对肌肤的保护可说是深具效果。脸部按摩可以增进血液循环、增加氧气输送、促进细胞新陈代谢、帮助皮下污垢排泄、消除肿胀松弛、恢复肌肤疲劳……归根结底，按摩的神奇作用在于促进血液循环，给予肌肤细胞以新的生命力，同时带走陈旧老化的细胞及杂质。

因此，最好能在20岁后每周做一次按摩。若皮肤特别干燥，表皮机能衰退，则可增加按摩次数，每周2～3次。除了偶尔去美容院进行专业性的皮肤按摩、护理之外，最好自己在家中坚持进行面部按摩。如能持之以恒，将会让自己美得自信而骄傲。

有些女性担心按摩不当会增加皱纹，以致弄巧成拙，事实上，只要不过分用力，适当做是无须有此顾忌的。

(3) 保持充足的睡眠，增加肌肤活力

保持充足的睡眠是肌肤健康的基础，如果你工作压力较大、过度疲劳、经常熬夜，皮肤绝对不会好到哪里去。最好养成合理的睡觉习惯，保证睡眠。每晚的十一点到两点俗称“美容时间”，皮肤在这段时间新陈代谢最旺盛，是最佳的肌肤修复更新时间段，如果你想让皮肤常保年轻的活力与自然修复的能力，就不要忽视在这段时间睡美容觉的功效。

(4) 选择适合自己的护肤品

护肤品能保护我们的肌肤尽量推迟衰老。不过在涂抹护肤品之前，我们需要了解自己的肤质，找到自己适合的护肤品，才能事半功倍。

干性皮肤很容易感到肌肤紧绷、水分不足，主要因为干性皮肤的表皮比较薄，不容易锁住水分。应使用保湿效果好的化妆水和乳液，而且在天气比较干燥的季节，随身携带一瓶补水喷雾，及时补充水分，是个不错的办法。

很多人以为，油性皮肤只要去油不要补水，这是错误的。油性肌肤皮脂分泌旺盛，同样会丢失水分，在去“油”的同时一定要补水。选择清爽型的又能保湿效果的化妆水和乳液最佳。

中性肌肤比较好护理，保持清爽干净。同时，要注意季节交替的气候变化对肌肤产生的影响。

另外，我们的肌肤最好一周做一两次面部磨砂，或使用果酸护肤品，全面清除表皮上的角质层及死皮，可令肌肤恢复光泽。

很多女人都忽视了一个问题，即肌肤敌不过地心引力的自然现象。加上胶原蛋白纤维的数量逐渐减少，久而久之令肌肤内层失去弹性，导致表层松弛和下垂。此时，你要考虑持续使用一些紧致肌肤的护肤品。涂抹时要留意颈部，配合由下向上的推抹方法，能有效延缓肌肤下垂及松弛的情况。谨记在任何情况下对皮肤都要尽量“温柔”，不要太用力擦皮肤。

不喜欢涂粉底的女人可能要重新考虑了，因为涂抹粉底有助加强肌肤阻隔空气中的各种污染物，对肌肤十分有益。你可以选用具防晒功能的粉底。

（5）注重食物给肌肤补充营养

要知道，皮肤的主要成分是胶原蛋白，所以优质的蛋白质是拥有健康的肌肤不可缺少的条件。如果蛋白质与热能缺乏，就会导致皮肤松弛，容易生成皱纹。肤色深的人还可能出现白斑。脂肪经水解后会产生甘油和脂肪酸两类物质，其中有一些人体无法合成，而必须由食物供给的脂肪酸称为“必须脂肪酸”，其缺乏时会在皮肤上产生湿疹。

硫、磷、钙、铁等各种矿物质在体内具有多种功能，其中钙具有增强皮肤抵抗力，使皮肤健康的功能，不可缺少。而铁质是预防贫血不可缺少的元素，一旦贫血，营养素、氧分就无法被充足地运送到身体的各个角落，肌肤和毛发也会因营养不足而老化。所以皮肤的食物选择也很重要，根据不同的肤质，补充合适的营养素。

干性皮肤的女人，宜选用脂肪含量高的食物及富含维生素 E 的食品。不宜吃刺激性的食品。另外，一定要多喝水。

油性皮肤的女人，多吃含碳水化合物的食物及富含维生素的新鲜蔬菜和水果。不宜吃脂肪含量多的食品、油炸食品及奶酪类食品。

皮肤色素沉积的女人，多吃富含维生素 C 的食物，如蔬菜、水果、海带等。少吃酸性食物，如蚕豆、面包、火腿、油炸品、花生、乳酪、啤酒等，要尽量少吃刺激性食物。

皮脂溢出和痤疮的女人，应多吃绿色蔬菜、水果；多吃碱性食物，如豆腐、豆荚、豌豆、红薯、洋葱、黄瓜、香菇、牛奶、紫菜、海带等。还要少饮酒，控制动物性蛋白和动物性脂肪的摄入量，禁食巧克力、奶油、冰激凌等。

皮肤粗糙的女人，最好多吃些含维生素 A 和 B 族维生素的食物，如动物肝脏、蛋黄、牛奶、蔬菜、豆类、贝类等。

（6）沐浴美容

作为一个工作繁忙的白领女人，如果没有足够的时间仔细打理肌肤，不妨利用周末做个“淋浴美容”，让全身肌肤得到最大程度的放松和保护。

有便秘现象的女性朋友，可顺便用毛巾或刷子，顺时针方向按摩肚脐下方。

希望手臂细致的人，可举起手肘，上下来回揉搓几下，然后扭转手腕，再擦洗 20 次。

想让小腿修长的人，泡在浴缸里时，伸直双脚，转动足踝，伸缩脚趾尖朝下，待起身擦干身体后，再以乳液按摩全身。更可趁此时修剪指甲，因此时的指甲和皮较软，利于修剪。

淋浴时按摩身体，可促进血液循环，常保皮肤光泽，且对身材均匀美丽很有益处。若使用专用的按摩霜就更好了。肌肉最容易出现松弛的部位是手臂、臀部、大腿内侧。在这些部位做纵、横、螺旋状的刺激，可有效控制肌肤的松弛。

（7）自燃香薰，给肌肤放个假

香薰美肤在欧洲已有悠久的历史，被认为是一种可以让精神放松、令皮肤细腻光滑、重现青春活力的自然美容健康疗法。美容中心提供的香薰疗法一般都比较昂贵，其实自己可以到专门的香薰专卖店，买一些品质不错的精油，在家兑水后点燃香薰炉，让精油的精华通过鼻腔进入身体，不过一定要注意明火的安全。好的香薰精油都是天然花草制品，不同的材料有不同的功效，可咨询香薰技师意见或按功效自行挑选。

秀发飘飘的健康密码

有句广告词说的好"秀发动人，气质动心"，可见乌黑、柔顺而且有光泽的秀发不仅可吸引不少眼球，也有助于提升你的气质。每个女人都希望自己拥有一头柔顺光泽自然的秀发，可是，却有不少女人正遭受头发无光泽、发黄、掉头发、头皮屑等烦恼。

头发的健康和荷尔蒙、甲状腺等有很大关系，如果你的精神长期处于紧张的压力中，激素的分泌会紊乱，这样的话，你的头发生长会受到影响，出现脱发、枯黄等情况。头发的健康还和饮食有一定关系，如果缺乏必要的头发健康营养素，自然而然头发就不健康了；如果你在日常生活中没有一定的护发常识，你的头发也容易受到伤害。

1. 秀发透露的讯号

如果照镜子时你突然发现头发有了很大变化，比如颜色偏向黄，容易折断，比较脆弱，头发质感比以前粗糙了，无光泽，欠缺弹性。你肯定吓了一跳，这样毫无生气的"锈"发实在让你感到难看。到底是什么让你的头发变成这样的呢？

以下就是常见的原因：

（1）阳光直射

长期受到太阳紫外光照射，头发表层的水分会流失，因而呈现枯干现象，发色也会变浅。

（2）游泳后没有护理头发

游泳池水含氯气，会伤害发质表皮层及皮质层，若游水后不好好清洗和处理，头发便会容易枯萎。

（3）经常染烫头发

喷发剂含化学成分，如染发一样，用得太多会容易破坏头发组织；而吹发时的温度太热，会令头发表面的水分流失，容易变得枯干。

此外，都市生活环境令我们每天要与各种各样的微粒、沙尘，还有层出不穷的现代垃圾和变异怪味气为伍。

一头健康、有光泽的秀发可以展示你的活力，同时也给自己带来好心情。那么，关心你的秀发就像关心你的容颜一样，对它进行健康的护理吧。

2. 几种常见的头发护理方式

（1）梳理头发

常听老人说“梳头可以延缓衰老”。梳发还可以去掉大部分头发和头皮上的浮皮和脏物，可以增强头部血液循环，有利于头发“呼吸”。尤其是夜间10点左右梳理一次，每次15分钟，可以增加头发的韧度和光泽。一天梳理四次最好。

正确的梳理方法：从散乱的发稍开始，轻刷头皮，从前往后梳、左右交叉梳，最后按照你的发式梳理，用力要均匀。

（2）洗发

洗发是保护头发健康的最好办法，以按摩为辅助手段的洗发，既可以去掉头皮和头发上的污物，又有利于头发的生长，防止掉发。所以保护好头发，必须经常清洗和按摩，让头发处于清洁状态，

洗头必须运用正确的方法，洗头前可先用梳子梳理头发，这样可梳掉头发上的一部分灰尘。水温不能过高，然后使用适量的洗发剂揉至泡沫，洗发剂不要直接倒在头皮上。用手轻按摩头皮，逆时针旋转，最后冲洗干净。

（3）弄干头发

洗完头发后，用毛巾擦干头发时不可使劲搓揉头发，而应轻轻按压，让毛巾吸干水分。如果头发比较多，可以一部分一部分地弄干。

一般的话我们都会选择自然晾干，当然要想迅速晾干，很多女人也会

使用吹风机吹干头发，尤其是在美发店里，可以节省时间。如果你自己吹头发，一定要注意：不要直接对着吹，应该把头发用手或梳子撩起来，让风吹到发根。温度不要过高，以你头皮的承受度为主。为了不伤头发，吹风机与头发的距离15厘米以上为宜。

(4) 护发素、发膜给秀发多层保护

为了达到更好的护发效果，使用护发素是必不可少的。大量的实验证明，长期坚持使用护发素，有助于防止外在环境对头发的进一步损坏，并能逐渐让头发恢复美观。护发素中的滋润配方不仅能防止头发干燥、使头发保持滋润，还能在发丝表面形成保护膜，均匀反射光线，秀发就像穿上一件保护外衣一样，以防止紫外线的伤害。如果坚持每次洗头与护发素共同使用，令头发更有光泽、柔顺且易梳理。

正如做面膜令脸部加倍吸收养分一样，头发亦可做发膜，其效果是锁住蛋白质和水分的流失，令头发可以增加吸收养料的机会，恢复生气。

当你在做发膜时应先洗湿头发，再将发膜或油用品均匀涂满头发，切忌不要直接接触头皮，然后用保鲜纸包裹头发，用热气蒸15～20分钟，最后清洗干净即可。发膜最好每周做一次。

此外，不同的发质有不同的特点，针对不同发质的特点采用针对性的护理方法进行护理，头发才能更容易保持健康漂亮。

干性发质的特点是，头发容易打结、松散、蓬松，头皮干燥，发稍容易分叉。因为干性发质的油脂分泌不足，头发的角质膜蛋白缺乏水分。所以在护理时应该注意以下几点：

(1) 用营养丰富的洗发水，不需要天天洗。

(2) 经常修剪分叉的部分，每周做2次营养油。

(3) 饮食上应多摄取蛋白质高的食物，比如奶制品、肉类。

(4) 不能经常烫发和漂染头发。梳子选择齿适中而不要太尖。

油性发质的特点是，头皮容易出现油垢，容易造成头痒，头发显得油腻。造成油性发质的原因可能与荷尔蒙分泌紊乱，压力大，油脂分泌过剩，经常食用高脂肪类的食物有关。其护理方法应注意：

(1) 经常清洁头发，最好每天都洗头。

(2) 用清爽去油脂型的洗发水，不要用过热的水，以免刺激油脂分泌。

（3）使用护发素时，把护发素抹在发稍，不要触到头皮。

（4）减少高热量高脂肪类食物的摄取，取而代之为蔬菜水果，以口味清淡为宜。

（5）减轻压力，保持高质量的充足的睡眠。

中性发质的特点是油脂分泌正常，有少量头皮屑，头发柔顺、有光泽、较容易打理。其护理相对而言比较简单，不需要特殊的护理，只需注意以下两点即可。

（1）洗头发时多按摩头皮，让良好的血液循环保持营养的供给。

（2）经常修剪头发，保持头发清爽。

玉手的健康呵护

一位法国哲学家曾说："手是身份的证明。"人们也常形容"手是女人的名片"。女人的手，多少年来都被赋予了很多意义。手是人与人交往最为醒目和受到关注的肢体部位，比如，握手、拿取东西、打字、书写、用餐，等等。当人体状态相对静止的时候，手的形态也会给他人较强的视觉感应，即使没有十分漂亮的脸，但有一双美丽的健康的双手，保证你的风韵依然。

1. 看手读健康

手是健康的晴雨表，现在，伸出你的手，仔细观察一番，看看健康离你多远。

指尖苍白：血流障碍。

指甲发青：循环障碍。

指甲上有白点：缺钙。

手指发黄：支气管疾病。

指甲有白色带状物：肾病综合征等肾脏疾病。

指甲几乎同时变成浑浊白色：则可能患了肝脏病，特别是肝硬化。

指甲出现横沟：劳累、紧张、营养缺乏。

指端变宽变圆：肺部疾病。

手掌发汗：甲状机能亢进。

手掌出现红斑点：肝炎或肺结核。

指甲边缘翘起：贫血，尤其是缺铁性贫血。

2. 护手小秘诀

在日常生活中我们应该注意以下几点。

（1）勤洗手。洗手是保护手的清洁和健康的主要办法，要注意正确的洗手手法。每个指头都要揉擦到，不要用过烫的水，水温度在20℃左右就好。

（2）护手霜。干燥不利于手部肌肤的健康生长，在洗完手后，一定要使用护手霜，特别是晚上，坚持睡前涂擦护手霜，这是最有效的保护双手的措施。

（3）特别防护。做家务时，有时会碰到难以清洁的地方，需要用很高浓度的化学洗涤剂对付，这时候，最好戴橡胶手套，以避免各种化学洗剂对手部的侵蚀伤害。因为含碱洗涤剂对皮肤有很大的损伤，容易使手变得苍老。

（4）有条件的情况下，最好每周做一次特别护理，可以去专门美容机构做，也可以自己在家里操作：先用少量的去死皮膏涂抹双手并轻轻揉，然后在温热的橄榄油中浸泡五分钟。最后，涂抹上护手霜。

（5）食物选择。充分摄取富含维生素A、E及锌、硒的食物。比如，海产品、杏仁、胡萝卜等，钙制品能保证指甲的健康，不容易折断且有光泽。所以也需多补充牛奶、动物内脏、豆类食物。

此外，健康的双手不仅要求外观匀称、肌肤有光泽，手的灵活性也很重要，要使手掌和指节灵活柔软，做手部运动是非常好的办法。这种手操做起来比较简单、方便，可以充分利用一些看起来比较琐碎的时间。

（1）坐车或看电视时，先从指尖开始按摩到手指底部，动作柔和又有一定的力度，按摩时先涂上润肤霜，以增加柔润感。

（2）模仿弹钢琴的动作，伸展手掌和手指，再把双手平放在台面上，柔和地向下压，然后每次举起一个手指，尽量举高。每天做两次，每次做

5分钟。

(3) 先紧握拳头，然后展开，尽量伸展五指，每天用力地做3～5分钟。这项运动可以使手部柔软，还可以减少紧张感。

当出现皮肤红肿和皲裂时，应该及时就诊。在秋冬季节应该注意保暖，及时带手套。一双健康的手，完全可以令你的美丽加分。

现在都市里流行美甲，用各种各样的颜色、图案，让小小的指甲也展现出美丽。这种追求新颖、创造与美观的心情是可以理解的，但是，我们在美甲的同时也要注意一些不健康影响。

几乎所有的指甲油对手都有一定的伤害，这些化学物品如果没有清洗干净很容易从指甲缝隙里渗透到皮肤，对皮肤造成伤害。

美甲店里的工具多数是很多人共同使用的，所以在使用时，要求美甲店做消毒工作是必要的。如果没有看到她们相应的消毒措施，最好不要做美甲。

美甲后要涂抹护手霜。如果再做另一种图案时，一定要彻底清洗。

明眸的健康物语

一谈到女人的美，似乎总离不开眼睛，都说“眼睛是心灵的窗口”，多少词语形容过女人的眼睛带来的传神美态，比如“明眸善睐”、“回眸一笑”。眼睛还是面部最灵动的部分，一双水灵灵的大眼睛，可以给表情加分，眼眸流露的神采总与韶光年华并肩而行。然而，最好的也往往最容易逝去。眼部皮肤一直是最容易被岁月侵袭，也不容易护理的地方。一双明亮的眼睛也向别人投递出从内到外的健康信息。

电脑成为我们工作中必不可缺的工具，但它产生的辐射，以及室内外空气污染，使我们的眼睛感到干涩，视力下降、滋生黑眼圈、眼袋等，怎么才能更好保护我们的双眸呢？

1. 与黑眼圈、眼袋说再见

一般来说，女人25岁以后，眼睛周围容易出现各种问题，比如出现黑眼圈、鱼尾纹、眼袋、浮肿等。这是因为这个部位的皮肤特别柔细纤薄，有许多的皱褶，造成眼睛周围肌肤水分蒸发速度较快。同时，眼睛周围皮肤的汗腺和皮脂腺分布较少，特别容易干燥缺水。

减少眼袋的方法：

（1）睡前可在下眼皮贴几片黄瓜片，同样可利用木瓜加薄荷加热水制成茶，凉后敷在眼部。木瓜茶不仅能去掉眼袋，还能减轻眼睛疲劳。

（2）每晚睡前用维生素E胶囊中的黏稠液对眼袋处涂抹和按摩，常能收到消除眼袋的良好效果。

（3）注意膳食平衡，多吃动物蛋白和胡萝卜、深色蔬菜、水果等。

（4）睡前不能喝水，否则容易浮肿，产生眼袋。保证充足的睡眠。

（5）用甘菊和红茶每日睡觉前敷15分钟以上。有助于解决黑眼圈问题。

（6）眼睛酸涩疲劳时，可用牛奶洗眼。其方法是将纱布折叠成小片，在牛奶中完全浸透，覆盖在眼皮上20～30分钟，就可增强眼部肌肉活力，解除眼睛疲劳干涩。

2. 保护双眼健康

（1）眼泪是眼睛健康的第一保护屏障。眼泪可以起到杀菌的作用，因为眼泪中有种溶菌酶，可以抵御外来细菌的侵略。如果眼泪分泌较困难的时候可以用葱和蒜来帮忙。

（2）远离烟酒。酒精和烟草都是眼睛的头号杀手，近来的研究表明，烟草和酒精更容易让眼睛周围长皱纹，而且干燥。

（3）眼睛要及时补充水分，要知道，干燥会使眼睛没有神采，看上去很沮丧。如果眼睛有某种炎症时，选择有消炎效果的眼药水，当没有时，选择滋润效果的即可。

（4）注意防晒。过多的紫外线照射会让眼睛周围的皱纹更严重，还可能导致白内障或青光眼等眼科疾病。所以，出门一定要戴太阳镜，最好选择绿色的，绿色的太阳镜令眼睛视野更清晰，而且对眼睛的保护作用较明显。

（5）不要养成眯眼看东西、不停眨眼的不良习惯。否则，容易让皱纹有可乘之机。

（6）卸妆一定要干净，千万不能使用过期化妆品。因眼部及眼周肌肤颇为敏感细致，卸妆时应极为小心，必须用眼部专用卸妆水或卸妆膏，用化妆棉轻轻卸除。过期化妆品细菌多，要避免使用。

（7）选用合适的眼部保养品。目前市场上销售的眼部保养品有眼霜、眼胶、眼部精华液等多种。眼霜的滋润性、营养性强，适合于眼部有皱纹者；眼胶是一种植物性啫喱状物质，成分温和易吸收且不油腻，适合于黑眼圈、眼袋等。精华液则适用于各种情况。使用方式是先用精华液，再用眼霜或眼胶。使用时最好先热敷眼部再涂抹，配合按摩和指压，效果更好。

（8）饮食要有选择。尽量少食刺激性的食物，因为刺激性食物容易导致眼部干燥。对眼睛有好处的食物有鱼类、海带、蔬菜、水果、豆类、胡萝卜等。

（9）常做眼部运动。长时间面对电脑时，隔两小时让眼睛休息一会，比如尽量睁大眼睛，持续几秒钟；徐徐闭上双眼，到上下眼皮快要接触时再睁开，动作要缓和，连续做几次。

红唇的健康语言

唇让人联想到性感的表情，饱满而红润的唇，是女人美丽的一个亮点。但是唇部不健康也可以看出一个人的身体健康状态。

1. 唇色异常反映健康隐患

嘴唇苍白：贫血。

嘴唇紫色：肺部疾患。

嘴唇黑色：肝脏疾病。

唇泽红色：体温较高，甲状腺。

唇色微黄：表示心脏衰弱。

2. 影响红唇健康的几个因素

（1）空气污染。空气中含有大量毒素，容易在唇上形成斑，或引起唇部周围肌肤干燥。

（2）口红过期。过其口红中含有大量有害细菌，易对唇产生损伤。

（3）干燥的气候。气候干燥，容易起死皮，均裂。

（4）香烟。烟草使唇部容易缺水，损伤唇色。

3．护唇方法

正确的护唇方法可分为5个步骤：

（1）热毛巾敷于唇部约5分钟。

（2）涂上一层厚厚的凡士林。

（3）用软毛刷轻轻擦拭唇部，去除干燥的角质皮。

（4）涂上护唇膜。

（5）洗净后再涂上润唇膏。润唇膏要选择无刺激性、滋润不油腻的如含维生素A、C、E、芦荟等植物润泽成分的润唇膏。

4．唇部健康八堂课

（1）睡前稍微做轻轻按摩，在唇部周围逆时针打圈儿。这样可以刺激血液循环，收紧嘴部轮廓，防止肌肉松弛。

（2）用热毛巾敷唇部，可以把细小的皱纹熨平。水蒸气是对付嘴唇角质脱皮的最好方法。

（3）蜂蜜是自然保湿剂，与皮肤的亲密度十分出众，作为自然美容材料而广泛地被使用，其天然保湿成分十分适合于护唇。如果唇部感觉干燥，将蜂蜜薄薄地涂在嘴唇上，同样是护理嘴唇的一个好方法。

（4）多吃维生素含C量高的食物，可改善唇色暗沉。

（5）卸妆时选用唇部专用卸妆品。虽然卸眼妆的卸妆品可同时卸唇妆，但卸唇妆的不可卸眼妆。

（6）敷保湿唇膜，善用护唇膏。

（7）定期去除死皮，最好是一星期使用一次，然后涂上护理品。唇部水分的流失也会造成唇色暗沉及直条细纹，所以避免舔唇的小动作。

（8）多喝水自然是正确的滋养之道，但是喝完水后，一定要记得用纸巾吸干唇上的多余水分，否则，水分蒸发会令唇部更加干燥。

5．“唇”缘食疗

与其他肌肤相比，唇部没有汗腺及油脂分泌，双唇会随着季节的更替而变化，颜色会变深，肤质变干甚至翘皮。另外，双唇更易被紫外线灼伤而引起翘皮，失去往日的光彩。以下一些护唇食疗方法，利于你们保持“唇”然之色。

（1）银耳汤：水发银耳30克，冰糖适量。取水发银耳30克洗净，入沙锅中加水炖熟，酌加冰糖调服。每日2次。适用于肺阴不足。风寒咳嗽及感冒者忌服。

（2）鸭肉汤：鸭1只取肉切块，按常法炖熟，调味后吃肉饮汤。每日2次。随量佐餐。具有清热、补阴、生津、润肤之功效。体虚寒或受凉而致的不思饮食者及腹冷痛、腹泻、腰痛者不宜用。

（3）蜜酿白梨：大白梨1只，蜂蜜50克。取大白梨1只去核，放入蜂蜜50克，蒸熟食。顿服，1日2次。连服数日。适用于口唇干裂、咽干渴、手足心热、干咳、久咳、痰少。

保护口腔健康

如果你周围有这样一种女孩，她们面容姣好，喜欢微笑，笑起来唇红齿白，那么她一定是最容易得到大家的亲近与喜欢的那个。如果你也有一口皓齿，那么恭喜你，你将有个好人缘；如果你还注意口腔健康，那么你更容易得到大家喜欢了。可惜的是口腔健康容易被人忽视，但它是一个女人的品位标准之一。一个只注意了容颜的修饰，而不注重口腔清洁与健康的女人，很容易让我们敬而远之。

1. 注意你的牙齿

健康的牙齿可伴随你的一生，但日常生活中有些常见的习惯会不经意地损害你的牙齿。让我们看看哪些行为会对你的牙齿造成伤害。

（1）刷牙时用力过大：标志是你的牙刷使用2～3个月即出现刷毛弯曲（在无接触热水的情况下）。刷牙用力过大会造成牙齿表层釉质与牙本质之间过分磨耗，出现牙齿过敏，甚至使牙龈损伤、退缩，露出被包埋的牙根部。

（2）咬过硬食物：牙齿内存在一些纵贯牙体的发育沟、融合线，在过多咀嚼硬物后牙齿内会出现类似金属疲劳的现象，从这些薄弱部位裂开，导致牙齿折裂，严重者则需拔除。

（3）一侧咀嚼：咀嚼时集中在某一侧，会造成肌肉关节及颌骨发育的不平衡，轻者影响美观，重者造成单侧牙齿的过度磨耗及颌关节的功能紊乱。

（4）把牙齿作工具使用：用牙齿开瓶塞、咬缝线。这些习惯容易使牙齿咬折，牙齿移位。

（5）紧咬牙：睡觉磨牙把牙齿咬得“咯嘣”响的人，会出现牙齿过度磨耗，容易导致牙断、牙折。

（6）用硬物剔牙：硬物剔牙会令柔软的牙龈不断退缩，使牙根暴露，造成牙齿敏感，增加患龋齿和牙周炎的机会。所以，一定要剔牙最好选择牙线。

（7）怀孕时服药：怀孕4月后如果服用四环素类药物会与牙本质结合，会阻碍宝宝牙体组织的发育，造成表面缺损。

2. 日常牙齿护理

（1）护牙：用一只手的四个指头尖轻敲嘴巴四周，先顺时针敲9次，后逆时针敲9次，用力大小以自己感觉适宜为准。然后，将食指蘸盐按摩牙根，先上后下，从左至右按摩。每天做3次，有利于牙齿健康。

（2）舌头是细菌的温床，刷牙时顺便刷刷舌头，有益口腔卫生。

（3）有资料显示，用未涂牙膏的牙刷清洁效果大于用了牙膏的牙刷，因此不妨轮流使用。

（4）牙刷必须保持干净，使用完后要用热水冲洗，并且直立滴干，不要平放，以免滋生细菌。

（5）吃完甜点应马上漱口，咖啡或可乐等甜饮每天都喝，是牙齿部位细菌滋长的坏习惯。

（6）叩齿：先叩后牙，再叩前牙。固齿强齿，预防牙周疾患。

（7）搅牙：用舌尖搅齿龈。促进血液循环，清除口内软性污物。

3. 刷牙高手的绝招

不健康的牙齿通常是发黄，或发黑，有牙垢，说明平时不注重牙齿的清洁，而清洁牙齿最好的方法是刷牙。

每颗牙有五个面，即颊、舌、咬合及两个邻面，刷牙时需要面面俱到。这就要求刷牙的方法到位和用具达标。现在牙刷的种类繁多，根据你个人喜好或牙刷情况选择。保健牙刷的毛束不超过 3 排，孔距不小于 1.5 毫米，尼龙丝直径不超过 0.3 毫米，刷头短而窄，适应扭转上下扫刷，刷毛成锯齿状。正确的方法是上下颤动扫刷，每一部位重复 5～6 次。早晚刷牙、饭后漱口应成为习惯，这样才能保护口腔环境。

（1）拉锯式牙法

将牙刷毛与牙面接触，刷毛顶端指向冠方，然后沿牙面向牙龈轻微刷拂，类似咀嚼纤维性食物对牙面的摩擦动作。这种方法能清洁牙面和刺激牙龈组织的血液循环，增进牙周组织健康。

（2）短拉锯刷牙法

刷牙面时倾斜一定的角度，刷毛头指向牙龈方向，使刷毛进入龈沟和邻间区，部分刷毛压于龈缘上做前后向短距离来回颤动。刷毛紧压牙面，使毛端深入裂沟区做短距离的前后向颤动。这种方法由于清洁能力较强，克服了拉锯式横刷法的缺点，而变为短横刷，能有效地除去牙颈部及龈沟内的菌斑，按摩牙龈还可避免造成牙颈部楔状缺损及牙龈萎缩。

4. 垂直式刷牙法

从牙龈往牙冠方向旋转刷。第一步，刷前牙唇面、后牙颊面和后牙舌腭面时，牙刷毛束的尖端朝向牙龈，即上牙朝上，下牙朝下。牙刷毛与牙面呈 45°。第二步，将牙刷朝冠向做小环形旋转运动。第三步，顺牙缝刷洗，即可将各个牙面刷干净。刷前牙舌腭面时，牙刷毛束尖直接放在牙齿的舌腭面，上牙向下拉，下牙向上提，刷后牙咬合面时将刷毛放在咬面上，前后来回刷。

上述各种刷牙方法，在熟练的基础上也可以综合起来运用，例如先采用拉锯式法，然后用垂直法，把牙齿彻底刷干净。

5. 别让口腔异味缠上你

没有人愿意被口腔异味缠上，它给你的人际带来影响，“异味不除掉机会就跑掉”。同时，也使你的美丽大打折扣。

6. 多种口腔异味及应对

（1）要去除口干引起的异味，最基本方法的是刷牙。刷牙时可以清除很多牙上的细菌，同时，用牙线剔除牙缝间的残渣也很重要。

（2）经期口腔异味。有些女性容易在经期前感觉到口腔异味。这可能是因为激素的变化致使口腔内细菌，这时就应该加强口腔卫生，比如增加刷牙次数，多吃蔬果。

（3）牙周炎也会导致你的口腔异味。

（4）舌苔也是口腔异味的温床，舌苔上可以分离出硫磺（正是它发出的臭味）的细菌在舌前部大量繁殖，它们隐藏在薄膜和黏液下的舌蕾里。每日例行的刷牙不容易完全消灭这些细菌，所以，清理时要深入其底部。健康的舌头是浅粉色，如果上面有白色的舌苔，就意味着有几百万的细菌正在危害你的健康。用二氧化氯溶液可以帮助清理舌头。这种无味的淡黄色液体经常被用于游泳场和供水系统的灭菌。把二氧化氯喷到舌头上，然后用塑料小铲铲掉白色物质。

（5）当你吃了大蒜后，会发现口腔有异味，这是因为蒜胺酸容易在口腔中氧化，产生难闻气味，这时候，你需要大量喝水。

足下生辉好健康

健美的双足对女人来说太重要了，它不但可使你形体美、步态美，还有利于全身的健康，要知道，足底有完整的系统对应全身器官的穴位。一旦身体发生疾病，按摩脚底对应的穴位能使疼痛或疾病得到较好的缓解。没有疾病时，多按摩足下，也可以起到全身保健作用。

1. 养成好习惯，健康的双脚自然来到

每日用热水洗脚。洗完脚要擦干，特别是脚趾间的皮肤不能遗留水珠、潮湿易使细菌生长引起足癣。如能扑点足癣粉或爽身粉，然后穿袜穿鞋，则能预防足癣，保持脚的清爽。要每周剪趾甲一次，以免趾甲过长藏纳污垢。剪趾甲的两侧时不可斜着往里剪，否则会使趾甲长向肉里、引起疼痛。

足部保暖。保持足部的温暖，首先冬季要避免久坐，经常跺跺脚，使足部有良好的血液循环。其次，选择保暖性较好的鞋袜。有脚臭的人可用一些防出汗的喷雾。

为了使足部健美，可选择简单的足部保健操进行锻炼：

（1）在室内来回走1～2趟后，用足跟站立，将身体重心逐渐移至足尖，重复3～5次。

（2）在室内来回走1～2趟后，以足尖站立，将身体重心逐渐移至足跟，再让足尖做旋转运动，重复3～5次。

（3）提起左足划圈，先逆时针，然后顺时针，各划3～4圈。再提起右足划圈，先顺时针，后逆时针，再划3～4圈。

（4）在室内赤足来回走几趟，先用足底外侧走，然后用内侧走。

（5）用足尖站立6次，每次用一只脚。

（6）试转动每一个足趾，每次一个足趾运动5次。

（7）试用足趾抓起地上的小弹球或夹起铅笔。

（8）用足钩住椅子横木多次。此法练习脚踝的力量。

2. 健康足部曲

一到夏天，爱美的女性一定要注意，如果你的脚底茧子厚，足跟容易匀裂起皮，花30分钟做一次足部健康护理吧，把粗硬的足跟死皮、变厚的足趾甲通通抛掉。

（1）修剪趾甲

趾甲的形状以方形最恰当，把它们修成椭圆形或尖形，可能会造成趾甲生长方向错误而嵌入肉里。用专门指甲刀修剪，千万别拿不合适的剪刀乱剪一通。剪好之后再用锉刀轻轻磨光，记得要顺着同一个方向，避免来回用力磨，太用力容易使趾甲受损。趾甲不要剪得太短，最好比趾肉多3毫米，这样才能保护趾尖。涂上一层护甲油可以让保护趾面光滑平整。然后，用一些足部乳霜，滋润保护趾甲。

（2）用海盐搓足

用海盐搓脚的好处在于，它可以去除角质，令皮肤柔滑干净。夏天，脚被凉鞋磨粗了，用海盐搓足最合适。海盐还可以使毛孔张开，通透毛孔，深层清洁。如果足部起了红痘，也可以用海盐来消炎。取一部分海盐在脚上搓的时候，感觉有点疼，毕竟海盐是粗糙的，先让脚在清水中湿润，一会儿工夫盐就溶化了，渗透进皮肤之后，会感觉微热。

(3) 在海盐水里泡脚

用海盐搓过的脚像做过一场运动一样，而在海盐水里泡着，就是让它休息一下。水温稍微热一些，能使毛孔最大限度地张开，热水刺激足下神经使足部最大限度地放松。

(4) 精油按摩

足部的皮脂腺不太发达，足弓部分甚至完全没有皮脂腺分布。用植物精油按摩能促进血液循环，爱美的女孩子对精油多少都有些了解。精油的吸收性是最好的，按摩一次后能滋润两三天，对于秋季容易干燥的皮肤来说，是最适合的。

精油都是滋润的，可以根据喜好随意买，比如排毒的玫瑰精油、减压的茶树精油等，也可以用润肤膏或滋润油代替。

高跟鞋一直都是女人用以张扬腿部性感的武器。穿上高跟鞋后，女的身材更接近“黄金分割率”，在视觉上能给人以美的感受，女人会因此而更加从容、更加自信。

高跟鞋的历史久远，发展至今对张扬女人魅力方面功不可没。然而，高跟鞋的问题很多女性都深有体会：崴过脚的，磨破皮的。可是我们又不能真正离得开高跟鞋。年轻爱美的你可知道高跟鞋穿着不当会引发哪些足部疾患吗?

从健康的角度看，职业女性选择高跟鞋不该盲目追随潮流，应该选择高度合适的鞋跟。

根据一些医学报告，很多西方学者曾针对穿着低跟鞋与尖头高跟鞋的女性进行足底压力的测试，其结果显示，穿高跟鞋的女性其前足压力明显增加，且压力分布也发生改变。根据统计，现代约有59%的女性每日穿高跟鞋8小时以上，倘若未能搭配相关足部保护用具消除异常压力，或更换成低跟鞋，则可能随时并发前足神经炎或其他相关的足疾。

尽管穿高跟鞋可能会导致种种健康隐患，但是无论是从时尚还是职业要求，都很难说服职业女性放弃高跟鞋。低于5厘米的鞋跟可加强足弓缓冲的能力，预防肌肉及关节损伤，减轻走路时的疲劳感。

从医学角度分析来看，高跟鞋的问题在于长期穿着时脚掌受的压力较大，容易疲劳。身体为了保持平衡，关节的灵活性也会降低，所以易受伤。

（1）拇趾外翻

拇趾外翻就是大家常说的“大拐脚”。拇趾向外的生理倾角超过 13°可诊断为拇外翻，如果外倾角超过 30°时，则会伴有明显的疼痛，严重者甚至顶起第二趾，就像“鸡爪”一样。

（2）小趾内翻

小趾内翻是指足部第五趾向拇趾方向弯曲，当超过一定限度时，女性就会感到“钻心的疼痛”。

（3）鸡眼

足部皮肤受到挤压，表皮抵抗力下降，病原体侵入皮下，不断增生从而形成鸡眼。鸡眼常发于趾间等部位。

（4）嵌甲和甲沟炎

嵌甲也称为“倒刺”、“甲内生”等，是趾甲向肉里面长，大多数女人都出现在足部第一趾上。如果趾甲的残角刺入肉里，红肿疼痛，即引起“甲沟炎”。

这两种疾病都与高跟鞋有关。

（5）腰膝疼痛

足跟升高后，人体的中轴线也会前移，腰部和膝部的受力也相应发生变化，长时间穿高跟鞋，女人的腰部和膝部就会出现令人无法忍受的疼痛。

如果能正确选择高跟鞋，并且在穿高跟鞋时，能搭配相关的足部保健用品，便能有效预防足疾的发生。

选购高跟鞋时，先要确定鞋底跟自己脚的弧度是否相符。脚趾前端与鞋子顶端应留有 2～3 厘米的空隙，鞋跟不宜太小，鞋头宜宽松。鞋跟高 2～4 厘米比较合适（高跟鞋的健康极限是 7 厘米）。选购高跟鞋应在下午 3～4时进行，此时试穿 10 分钟或多走几步，能确保鞋子是否舒适合脚。穿新鞋要有一定的磨合期，你可以先在家里穿一段时间后，再外出穿着。

穿着高跟鞋走路时，姿势应该正确，脚尖往前伸直，臀部收紧，上半身挺直。这样可以避免压力分布不均，从而改善腿部、足部浮肿的现象，促进血液循环，远离腿部酸痛。

穿高跟鞋时要注意场合，避免在平时挤车或在不平整的马路上穿，也不宜疾走快跑，更不能上山爬坡。平时不能总穿相同高度的高跟鞋，以免足部同一处经常受到挤压。

在穿高跟鞋走路时，应该注意休息，有空儿时可以把脚尖翘起，活动一下小腿。

第三节 护佑好女孩的秘密花园

据调查，全世界女性一生中，至少有一次与生殖疾病亲密接触的机会。这个私密花园永远藏着女人一生幸福的源泉。20几岁女孩，关爱你的私密健康，是你爱自己的最好表达。

月经期的健康护理

女孩子生理发育到特定阶段后（13岁左右），年轻的子宫内膜在卵巢分泌的性激素直接作用下，周期性地发生剥落出血现象的过程，就是月经。这个规律的身体运动，一方面说明女孩子的性成熟期开始，一方面女孩子面临与这个“老朋友”的“多事”相处开始。

正常的月经周期一般是28天左右。成熟女性有3天左右的浮动是正常的。如果超过35天，或不到20天，就需要找医生了。月经持续时间在3～6天，正常的经血量是60～80毫升。

在月经期间，由于雌激素及孕激素缺乏，子宫内膜失去这些性激素支持而脱落，盆腔出现充血，常伴下腹坠胀、腰酸感，还有一系列如情绪低落或暴躁、嗜甜食等情况出现，医学上称之为“经前综合征”。

月经占去了女人一生的一半历程，从20几岁开始与这个老朋友的和平相处，以后才能让你生活得更快乐和健康。你该如何与“老朋友”和平相处呢？

1. 从容应付经前综合征

月经是女性身体规律运动的标志。女性经期有不少身体变化，比如乳房肿胀，下腹部有坠涨感、脸色难看等，有时候你很难说清经前期和经期，到底哪个更令人头疼，经期带来的是生理的不适，经前期带来的是暴躁、忧郁、想吃甜食等心理折磨。据调查，全世界绝大多数女性曾或多或少遭遇过经前综合征（PMS）的困扰。通常20～30岁女人是PMS的高发人群。

有研究表明，这些状况与人脑中一种复合胺物质有很大关系，这种物质能控制人的情绪、食欲等。随着它在人体内含量的高低，导致人相应的情绪变化。新妇科理论认为这种物质是经前综合征的“真凶”。

2. 经前期的变化和应对

（1）身体出现稍微虚胖。据调查，经前一周身体蓄水情况能力会大大增加。

应对：尽可能降低身体内的盐分。少吃高热量的食物比如薯片、罐装食物等，多吃清淡蔬菜、粗粮等。一天保持八杯水。适量摄取镁元素，也可以缓解这种状况。然后，保持30分钟的有氧运动，更有益阻击虚胖。

（2）情绪的失控、暴躁容易发怒，使你从淑女瞬间变泼妇。

应对：补钙1200毫克。远离咖啡和酒精。坚持运动，比如匀速走路、体操、瑜珈都对缓解心理有帮助，如果情绪低落，那就看一本结局完美的小说或电影。

（3）胸部比较敏感。据统计数字显示，大约有10%的女人都曾经历过比较明显的甚至比较剧烈的乳房疼痛。

应对：可以少量服用止痛药，比如阿托品片、芬必得、安定片等。咖啡、红茶、酒饮料以及巧克力，这段时间都属于禁吃食品。有很多女孩子在这段时间大吃巧克力，其实效果恰恰相反。专家还建议，可以服用维生素E降低乳房的敏感度。

（4）想吃东西，尤其是大量甜食。

应对：恰当地比平时多吃100卡到300卡，是正常的，但不要以此为借口，暴饮暴食。可以拿糖分不高的水果来代替那些糖分很高的点心、面包、巧克力，如果特别想吃甜食的话，可以喝一点蜂蜜水，或者柚子茶，这是非常有效的。还可以转移注意力，比如聊天、逛街，总之让自己忙起来。

3. 不做疼痛忍者

很多女孩子都有过痛经的经历，多数女人以为这是经期的正常反应，其实，痛经并不是女人必须承受的痛苦，只要这种现象给你带来痛苦，影响了你的生活空间，你就要勇敢地对它说NO。

疼痛是一把双刃剑，一方面让你对疾病起警惕反应，提醒我们患病了，需要检查治疗，另一方面从心理和生理两方面危害我们的健康。

疼痛本身就会产生一系列的病理变化，如心跳加速，呼吸急促，血压上升，更大的危害是免疫系统的平衡遭到破坏。作为症状，疼痛更是暗示了身体受到了某种病变，即使起初病变不明显，但是置之不理，将来加重了会有更多危险，比如可能错过了治疗子宫内膜炎的最好时间。月经引发的疾病通常有月经关节炎、月经性头痛、月经性牙疼、月经性哮喘，等等。这些疾病都需要我们及时注意，并加以预防。

疼痛使人烦躁、忧郁，严重的可能影响生活，心理学家研究认为，疼痛对人的心理有强烈的暗示作用，多次疼痛可能给人留下严重的心理障碍。

经痛的原因多半是由于月经前的激素的增加引起的生殖系统的内部感染，服用恰当的药物可以抑制这种激素的产生，可以预防痛经。

经期每天补充足够的钙也可以减轻疼痛，每日摄取量是1200毫克，相当于4杯脱脂牛奶。用热水袋轻敷在腹部都可以减轻子宫收缩引起的疼痛。

还有一些民间的做法，你不妨以一试。

（1）月经前一周开始晨跑。

（2）买一元钱的益母草，洗净煎一碗水，和半块阿胶一起熬，在经前两天开始服用，能减轻疼痛。

（3）少吃盐。把食物调整到最清淡的口味，对刺激性的食物更不要吃。

（4）把房间灯光调暗，用按摩油在疼痛部位轻轻按摩。

（5）采用针灸。但要专业人士进行，针灸三阴交、合谷、子宫等穴位，也会收到良好效果。

阴道健康测验

据资料显示，女人一生中患妇科疾病的几率占95%，这是由于女性的特殊生理特点决定的。但是很多妇科疾病在初期只是轻微的、不容易觉察的，这样一来，没有引起重视，结果导致严重的病变，甚至癌症。所以，20几岁女孩，需要在日常生活中，时刻注意自己的私密处变化，增强防范意识。

阴道是将子宫与外阴连接起来的管状器官，也是最容易发生疾病侵袭的器官，因为它与外界的接触比较紧密，而且很多内部生殖器官的病变，都是从阴道上行而发生的。

阴道本身有自洁作用，一个健康的成熟女性，一般情况下都能抵御外来细菌等的侵袭，但是，当我们的身体免疫力减弱，或者其他因素的影响，会引起阴道疾病。

1. 白带——妇科疾病的信号灯

女性阴道平时保持在一种湿润的状态，有一些少量透明、接近白色、无臭的分泌物由阴道口分泌出，这种黏液就称之为“白带”。检查白带的色泽、气味、量，可以提醒你是否患了某种妇科疾病。

当白带增多时，你一定要观察一下它的颜色、气味，看是否引起阴道的瘙痒等情况，在平常非排卵期与非月经前期，做个简单的自我检查。

透明粘性白带，呈蛋清样，性状与排卵期宫颈腺体分泌的黏液相似，但量显著增多，一般应考虑慢性宫颈内膜炎、卵巢功能失调，阴道炎或宫颈癌等疾病的可能。

灰黄色，泡沫状白带，为滴虫性阴道炎的特征，可伴有外阴瘙痒。

乳凝状白带，为念球菌阴道炎，伴有严重外阴瘙痒或灼痛感。

灰色鱼腥味白带，常见细菌性阴道炎。

脓样白带，色黄或黄绿，黏稠有臭味，滴虫或淋球菌等，细菌所致的急性阴道炎、宫颈炎、宫颈管炎均可引起宫腔积脓、宫颈癌、阴道癌。

血性白带，白带中混有血液，应考虑宫颈癌、子宫内膜癌、宫颈息肉或黏膜下肌瘤等，安放宫内节育器也可引起血性白带。

水样白带，持续流血或淘米样白带，且具奇臭味者一般为晚期宫颈癌、阴道癌或黏膜下肌瘤半感染，阵发性排出黄色或红色水样白带应注意输卵管癌的可能。

当出现如上述2～6项的情况时，你就必须立即就医，由内诊来判别具体妇科疾病，然后针对治疗。

如果白带是无臭、淡色、没有引起阴道搔痒，就算是正常的现象。但量多量少还是有些体质性的差异。一般白带较多的情况，中医上认为，与子宫较寒、气血循环不通畅有关，如果是这样的话，你可以从饮食与运动两方面来调整。

饮食：平日少吃凉性食物，如白菜、绿茶、白萝卜、橘子等。

运动：多做骨盆运动，下腹部的运动也可以有效改善子宫的血液循环，对于女性经期的顺畅、痛经或是排卵的正常与否都很有帮助。

穿棉质透气的内裤，如厕后一定要擦干净，平常最好少用卫生护垫，如果使用卫生护垫也要记得经常更换，因为多加了一片护垫在内裤里，会使得阴道的温度提高，容易滋生细菌。

2. 几种常见阴道疾病

(1) 非特异性阴道炎

我们的身体和周围充满了细菌，研究发现：至少20%的妇女阴道内有细菌，孕妇则更高达40%。正常状况下，细菌会和体内其他的微生物和平共存。但如果有某种原因改变了阴道的酸性环境，便会促使原已存在的细菌以不正常的速度增长，导致阴道疾病。非特异性阴道炎就是由细菌引起的。

当你过度疲劳、压力大而导致身体免疫下降，或因其他原因导致激素水平紊乱时，阴道的自洁作用会降低，这时大肠杆菌、葡萄球菌、链球菌等细菌就会趁虚而入引起阴道炎。

预防与应对方法：注意饮食合理，增强免疫力。如果细菌引起了非特异性阴道炎，需清洗阴道，针对致病菌口服1～2周抗生素并使用抗生素唑药即可。

（2）萎缩性阴道炎

更年期以后的女性卵巢功能逐渐衰退，雌激素分泌减少，阴道黏膜萎缩，分泌物减少，阴道的自洁作用降低而容易引起阴道炎。

特征：瘙痒不明显，但黄色白带增多并带有血丝。

应对方法：可注射雌激素、口服药物、涂抹软膏、使用坐药等方法进行治疗。

（3）淋球菌性阴道炎

由淋球菌感染引起的，10多岁的女孩子阴道抵抗力弱，阴道内也不呈酸性，所以会由于洗澡等使阴道感染。成熟女性患淋球菌性阴道炎大多是因与携带淋球菌的男子发生性行为而被感染的。

特征：会出现大量黄绿色脓状白带，外阴部溃烂，同时出现排尿痛和残尿感。如出现发烧状况，表明炎症已由子宫向输卵管和腹腔扩散，这会使小腹部疼痛加剧。这时输卵管会因炎症而被堵塞，即使痊愈后也有可能造成不孕症。

应对：早期治疗不会留下不孕后遗症。使用青霉素类药物治疗非常有效。

（4）念珠菌性阴道炎

念珠菌性阴道炎由白色念珠菌在阴道内繁殖引起。念珠菌寄生在皮肤、口腔、肺和肠道内，在人身体健康时不会引起疾病。只有当生病、疲劳过度、妊娠、糖尿病、减肥、长期使用抗生素时才会引起一些症状。另外过度清洗阴道导致阴道自洁作用下降也会使念珠菌繁殖。

特征：白带增加，阴道内及外阴极度瘙痒，外阴部就会红肿，严重的会溃烂疼痛加剧。白带的颜色最初发白，随着炎症的加重变成奶酪或豆腐渣样的粉状物，但无恶臭。

应对：清洗阴道，干净后使用抗真菌阴道药并口服药物。如已引发外阴炎症，要用温水仔细地清洗患部后涂抹上软膏或乳油。一般3～4天瘙痒就会减轻，10天左右可痊愈。如果是因性接触而被感染，性伙伴也必须同时接受治疗，否则会反复出现症状。由于炎症很容易复发，所以一定要坚持治疗，直至细菌培养检查结果表明真菌被彻底杀灭为止。

（5）滴虫性阴道炎

因感染滴虫原虫引发的阴道炎，滴虫隐藏在男性尿道内，由性活动感染引起。传播性强，男子感染滴虫后几乎不发病，没有自觉症状，因此会在不知不觉中传染给女性。而女性在身体免疫下降，阴道的自洁作用降低时则会发病。

特征：黄色伴有恶臭的膏状白带增多，外阴瘙痒。阴道壁溃烂，带下挟有血丝。症状发展，带下的颜色加深或发绿并混有泡沫。病情进一步发展会导致外阴部溃烂红肿，排尿时疼痛，走路时的摩擦引发疼痛。如不及时治疗，会发展成尿道炎和外阴炎。

应对：使用含有抗滴虫药物的阴道唑药和内服药物。用药后局部瘙痒会很快消失，但滴虫原虫相当顽固，它不仅存活在阴道内，还会侵入到子宫颈管、前庭大腺、尿道、膀胱等处，所以治疗如果不彻底很容易复发，需要性伴侣同时治疗。

妇科专家认为，减少感染几率的第一步就是了解引发感染的因素是什么、预防也是重要环节。平时生活中应该注意以下几个方面，以免细菌侵入。

（1）穿棉质内裤，夏天避免穿连裤袜或紧身衣，保持私密处的清洁。

（2）不要摄取太多甜食，以免改变了阴道的酸性环境，成为细菌的滋长的温床。

（3）每天吃一杯酸奶酪。不过并不是任何酸奶酪都有效，含有活性乳酸杆菌培养菌的酸奶酪会使感染几率减少三倍。

（4）淋浴、泡浴或游泳后要将生殖器部位完全擦干。擦拭时由前往后擦，以免肛门的细菌传染给阴道。

（5）注意保持心情愉快，减少压力，如果你发现感染的症状与某种压力有关时，应设法控制。

子宫的健康方程式

子宫位于盆腔下部的中心，它通过子宫颈与阴道相连，通过宽大的深红色的韧带与骨盆壁相连。膀胱的后部粘连在子宫前边靠下的部位上。输卵管排列在子宫上部的两边，通称为基底。卵巢位于输卵管末端的下方，通称为输卵管伞。输卵管伞看起来像纤细的蕨类植物复叶。

卵巢、输卵管与子宫都是女性内分泌系统的组成部分。这些器官相互间紧密相连。卵巢里的血液循环多多少少要依赖于完整的子宫。当阴道内某些细菌感染，很可能会上行到内部生殖器官，引起其他部位的疾病，比如宫颈糜烂、宫颈炎、子宫内膜炎等。

1. 宫颈糜烂

子宫分为连接阴道的子宫颈部和孕育生命的子宫体部，如果患有阴道炎，治疗不彻底，那么患宫颈糜烂的几率大大提高。子宫颈部发红呈糜烂状态的称为宫颈糜烂。这种糜烂有真性糜烂与假性糜烂之分。假性糜烂是在卵巢激素的作用下，黏膜表面被薄膜覆盖，看上去好像糜烂一样。80%～90%的成熟女性遭遇过这种情况，与激素分泌有关，更年期后激素分泌减少，这种情况就会逐渐消失。

真性糜烂特征：确实有糜烂性损伤，白带增多并有血丝。

应对方法：真性糜烂的女性采用电刀或激光烧灼，或冷冻凝固方式治疗，可彻底治愈。另外，使用抗生素、激素和消炎药等制成的阴道药物也可以抑制炎症。

2. 宫颈炎

最常见的原因是阴道炎引起的感染。引发阴道炎的细菌上行至子宫颈管引起炎症，患有宫颈糜烂的女性更容易感染。其致病菌除了葡萄球菌和大肠杆菌外，还有衣原体、淋球菌等。另外，放置避孕环、人工流产以及分娩导致子宫颈管受伤也会引起宫颈炎。

特征：有小腹和腰部疼痛、有黄色脓样伴有恶臭的白带，易出现性活动后出血。子宫颈管炎本身症状比较轻，但当炎症发展蔓延到整个子宫体、输卵管和盆腔腹膜炎时，会引起发烧、小腹部疼痛等症状。

应对方法：使用针对致病菌的抗生素进行治疗，还可使用消炎剂等，同时对阴道进行清洗、消毒。为防止疾病慢性化，即使症状已经消失，也要遵照医嘱继续服药，直到彻底治愈。如果长期不愈，就会导致子宫颈黏液分泌异常，妨碍精子的进入造成不孕。

3. 宫颈息肉

宫颈息肉是因宫颈黏膜增殖而产生的小如红小豆、大如蚕豆的一个突起，也称为宫颈黏膜息肉，有时会从子宫口脱出来。息肉一般只出现1个，但有时也出现数个。大小一般为2～3毫米，有的也会长到1厘米左右。宫颈息肉的诱发可能与宫颈炎或雌激素分泌过低有关。

特征：几乎没有疼痛，但白带增加。由于息肉容易充血，子宫颈组织变脆易破裂，所以性活动和剧烈运动后会有出血现象。另外，息肉增大后失去血液供养会导致组织坏死，出现不规则出血。

应对方法：使用手术钳夹住息肉根部将其拧掉。治疗所需时间很短，1～2分钟即可完毕，一般不需住院。治疗后没有疼痛，会有少量出血，但很快会停止。

注意：宫颈息肉容易复发，复发时可使用同样方法治疗。99%的宫颈息肉都是良性的，不会出现癌变。不过也不能说是万无一失的，所以切除息肉后，要对息肉做相关观察。

4. 子宫内膜炎

子宫内膜炎也是一种由细菌感染引发的炎症。它与宫颈炎一样，是由阴道炎以及放置避孕环、人工流产、分娩时细菌感染引起的。另外，宫颈炎上行会引起子宫内膜炎。

特征：子宫内膜炎会引起子宫内膜损伤导致小腹部的不适和钝痛、腰痛、不规则出血，还可引起月经周期紊乱、白带增多并带血丝。严重时会引起小腹部剧烈疼痛、发烧。

应对方法：静养，使用针对致病菌的抗生素。当出现高烧和剧痛症状时必须住院治疗。为防止蔓延，即使无症状也需按医嘱继续用药，直到彻底治愈。

5. 子宫肌瘤

子宫肌瘤是由子宫细胞异常增殖而形成的瘤状肌肉疙瘩，跟宫颈息肉类似。子宫肌瘤多发于30～40的成熟女性，是妇科疾病中最常见的一种。

特征：很小的肌瘤不会有任何状况，只有不断增大后才能感觉到。比如腹部膨胀，触摸的话有硬物感。月经量增多，经期延长，甚至在非经期也出血。痛经情况也会加重。还可能出现尿频或排尿困难、便秘或腹泻等

应对方法：

子宫肌瘤是良性肿瘤的话，不需要马上手术，小到没有感觉或不影响日常生活也不需要手术。如有痛经症状可服用镇痛剂。每隔三月检查一次。如果转成恶性的话，就需要手术。手术有两种：一是子宫全摘除，二是只摘除肌瘤核。前者不会复发，但不能再生育。后者有复发可能。这需要根据自身情况和医生的诊断来决定。另外，还可以使用激素治疗。

6. 子宫内膜异位症

子宫内膜异位是指原本属于子宫里面的内膜组织，跑到子宫外面的地方。它们会散落在腹腔或腹膜的表面，也有可能长在卵巢（称为巧克力囊肿）上，或形成子宫肌瘤（称为子宫肌腺症）。

子宫内膜异位是妇科中最复杂的疾病，因为它最不容易治疗，并会导致粘连，四处流窜，治疗之后又很容易复发。子宫内膜异位在临床上的主要症状是痛经、不孕和性交疼痛。

粘在卵巢、子宫肌瘤甚至肠子上的内膜组织，到了生理期也会剥落出血，但这些血液不像子宫内的经血可以顺着子宫颈排出，它们被滞留在体内，不断地累积，积累一定时会伤害到周围组织，引起其他组织的不适。比如在肠胃附近，就容易让人腹泻、肠胃疼痛。

应对方法：

子宫内膜异位有明显的遗传倾向，家族中有子宫内膜异位的女性，患此妇科疾病的几率比一般人高出7倍。因此，直系亲属中有严重痛经或疑患有内膜异位的女性，应该主动去检查，以便早期发现，掌握治疗的时机。

减少排卵的次数，可以减少内膜异位组织的增生。怀孕是最自然的方式，吃避孕丸是另一种选择，但是，肥胖和抽烟女性不适合吃避孕药，要

让医生根据身体情况做决定。

规律的运动、良好的睡眠和正确的饮食，能有效提高免疫能力。调整生活中的压力，保持身心愉快也很重要，忧郁沮丧都会降低免疫能力。

乳房健康须知

乳房是女性最明显的性感标签。一对挺拔的、健康的乳房，不仅为你的身材加分，也为你哺育下一代做准备。有些女性担心它的大小会影响健康，其实完全不必，只要它是对称自然的、没有疼痛、没有异常情况，你都要好好爱护它。

近几年，被乳房疾病困扰的女性在迅速增长，最常见的是乳腺增生症，最危险的是乳癌——这个已经列入女性发病率最高的妇科疾病。所以，提高你的警觉，做好乳房的自我保健功课至关重要。

在日常生活中，要定期做乳房自检，尽早发现乳房疾病。大部分的乳房肿块（约90%）都是由自我检查发现的。做自我检查需要警惕的是新出现的硬块、皮肤有凹陷、皮肤起皱褶、皮下变厚或变硬、乳头内缩乳头流血或有分泌物。

具体操作方法是：

（1）沐浴时：举起一支手臂，用手指（非指尖）碰触两个乳房的每一部分，慢慢且仔细地感觉有否肿块或增厚的组织。用你的右手检查左乳，左手检查右乳。

（2）站在镜前：两手顺肩下垂在身体两侧，然后举起超过头部，小心查看乳房大小、形状及轮廓的改变。注意皮肤构造是否有皱褶、下凹或变化。轻轻地挤压两个乳头，看看是否有分泌物流出。

（3）平躺下来：这是最重要的一个步骤，因为这是唯一可让你感觉到所有构造的一种姿势。在左肩下垫一块浴巾或枕头，然后将左手放在头下，右手手指并拢，轻轻感觉你的左乳，不要太用力去压。用手指以下小旋转的方式，由乳房外围逐渐向乳头螺旋形移动。检查乳房的每一部分。

同样步骤对右乳再做一遍检查。务必要检查腋窝下的地方。

乳房自我检查意味着尽早发现，尽早治疗，减少身体的痛苦和心理压力。

自我检查中发现以上内容的两三条情况，务必到医院进行专业的筛查，作出正确的结论，然后寻求专业治疗。

1. 乳腺炎

乳腺炎是在乳汁淤积的基础上，细菌通过乳头进入乳房引起的化脓性感染，有急、慢性之分。急性乳腺炎常发生于产后未满月的哺乳期女性，也可见于产后2～4个月，甚至1年以上。

症状：乳房肿块，红、肿、热、痛，深部感染时可伴有发热、畏寒等全身症状。如果不及时治疗会转化为慢性。

应对方法：保持乳房的皮肤清洁，勤换内衣；及时将淤积的乳汁排出(可采用手法按摩或吮吸的办法，按摩之前先热敷更好)；不要过分吃滋补、油腻的食物。

2. 乳腺病

乳腺病是乳房内出现结节、有钝痛，易与乳腺癌相混淆。乳腺病多见于30～40岁的女性，一般在月经之前症状加重。乳腺病的结节一般为良性，不会转成癌症。但一般人很难判断出这种结节究竟是乳腺癌还是乳腺病，所以应该在最早发现时候，就到医院就诊筛查。

乳腺病的发生与卵巢等的内分泌功能紊乱有关。月经不调、无排卵、无哺乳经历或哺乳期很短的女性易发乳腺病。

症状：乳腺病的硬结数量较多，大小不一，边界不清，且双侧乳房皆有。月经来临之前症状加重，月经一开始则减轻，这一点有别于乳腺癌。有时会出现乳头有异常分泌液流出，这一点与乳腺癌相似。

应对方法：乳腺病的结节是良性的，一般不需要治疗。如果疼痛剧烈，可以服用或注射激素制剂，关键是要在疾病早期做出诊断，查明硬结是否是良性。虽然乳腺病与乳腺癌的症状有类似，必须通过医生触诊和X射线以及B超来确诊。一般乳腺病不会转成癌症，为稳妥起见，应每隔3～6个月定期做一次检查。绝大多数会自己痊愈。

3. 乳腺纤维瘤

乳腺纤维瘤是一种乳腺上出现硬结的疾病，也叫乳腺增生，一般为良性肿瘤。多发于25～30岁的女性。这是因乳腺和乳房内的纤维组织增生而造成的。在经期前一周，如果你感觉乳房肿胀，触摸会有硬物感，而月经结束后会逐渐消失，这有可能是乳腺纤维瘤的前兆。

症状：触摸乳房时，会发现有球状或椭圆状，表面平滑可移动的硬结，与周围组织界限分明，并有弹性。一般多为乒乓球大小的圆形硬结，有的摸上去感到凹凸不平。一般一次只出现一个硬结，硬结的大小一般在2厘米以下，但有些会急速增大，发展成大纤维瘤，年轻女性容易出现这种情况。

乳腺纤维瘤没有疼痛，乳头也不会出现分泌物。

应对方法：发现硬结要马上去医院。一般通过触诊就可以确诊，最好是再接受乳房X线检查和B超检查。

通过检查确诊为良性以后，如果瘤体小并且没有增大的迹象可不必治疗。但每年要定期检查1～2次。当硬结增大，不能排除癌症时，要手术将其摘除。

4. 乳腺叶状瘤

乳腺叶状瘤是因腺上皮和结缔组织增生而引起的。由于乳腺叶状瘤会急剧增大以致占据整个乳房，所以又被称为叶状囊泡肉瘤。

症状：初期出现与乳腺纤维瘤相似的硬结，数月内急速发育增大到5厘米多。瘤体增大后，本来坚硬有弹性的硬结变软、变红或溃烂伴有疼痛。

应对方法：由于乳腺叶状瘤是良性肿瘤，所以只要手术将肿瘤摘除即可。如瘤体小则不用住院，局部麻醉即可手术。如果摘除不净会引起复发，所以最好连同肿瘤周围的正常乳腺一并摘除。乳腺叶状瘤不会转成恶性，通过它可以在早期发现乳腺癌。

肾虚让女人不再美丽

如果你一直比其他人更怕冷，如果你在经期因失血容易眩晕，如果你离更年期还早却常常失眠、出虚汗、记忆力不容易集中等，以上的情况如果一直像魔鬼一样跟着你，那么你要小心了。你正被肾虚缠身呢。

大部分的女性都或多或少有肾虚带来的各种状况，严重时候身体的某个部位会发生疾病征候，对健康非常危险，应该引起我们的关注，你知道肾虚是怎么引起的吗？它的症状如何？该怎样应对呢？

肾虚的症状主要表现为以下几种情况：

（1）脸色苍白、眼皮浮肿、明显的黑眼圈

你在清晨起床照镜子时，是否会发现一个完全陌生的自己：眼睑浮肿（有时候波及到下肢，不知你是否注意到）、出现黑眼圈、脸色苍白无光。你千万不要认为，这不过是由于没有化妆，看起来不对劲！现在就提醒你，原因是在于你肾虚！

肾虚是因为肾里有积水，水液代谢不畅通，导致水肿的结果。而眼睑是最容易被发现的部位。至于黑眼圈、脸色苍白难看则是由于肾虚影响了血液循环的正常运行。

改善方法睡前少喝水。做做强肾操：两足平行，足距同肩宽，目光平视，两臂自然下垂，两掌贴于裤缝，手指自然张开，脚跟提起，连续呼吸9次不落地。

（2）怕冷

办公室温度合适你却还在喊冷，夏天不容易出汗，穿的衣服总是比别人多，一着凉就会拉肚子，如果你有这些情况，那么你患了肾虚。

改善方法可以在日常饮食中注意选择羊肉、狗肉、牛肉、韭菜、辣椒、葱、姜、龙眼等温补肾的食物，这些食物都是处于阳虚状态的肾的最爱。

（3）失眠、浑身燥热、注意力难以集中

你是否心情容易烦躁，注意力难以集中，常常失眠、做梦。此外还常常感到腰膝酸软？肾阴虚则虚火内扰，让人烦躁；晚上阴气无法内收则导致失眠、多梦。再加上阴虚精亏导致骨骼失养，所以肾阴虚的人还常常感到腰膝酸软。

改善方法：巨大的工作压力、紧张的情绪、性活动过度或者食用大量温燥食品之后，都可能出现肾阴虚，所以日常生活一定要有良好的生活习惯。另外可以在饮食中多摄入鸭肉、甲鱼、藕、莲子、百合、枸杞子、木耳、葡萄、桑葚等食物。这样你就不必再为夜不能寐而忧心忡忡，为注意力无法集中而耽误工作。

(4) 导致不孕

你知道吗，由于肾的不合作，极有可能影响你的传宗接代，造成不孕！

中医认为“肾残精”，女性生殖系统就是在精气的呵护下逐渐发育成熟的。如果肾精不足，就会影响生殖能力。如果不好好调养，你可能会做不了母亲，你的生育计划要打个大问号。

改善方法：可以在专业人士的指导下适当服用六味地黄丸。中医认为，足底是人体浊气下降的地方，经常摩擦足底，可以加强血液循环，对改善肾虚有益，此外对肾虚引起的失眠、腰疼等也有一定疗效。

(5) 让你变胖

很少有人会把体胖和肾虚联系到一起，但事实是，它的确是你发胖的罪魁祸首之一。

中医认为肥胖的基本原因是痰、湿、滞，更进一步说是由于气虚。所以，肾气虚的女性常有发胖趋势。现代医学对发胖与肾虚关系的解释则是：肾虚的人内分泌功能减弱，肾上腺皮质激素促进脂肪分解，抑制合成的分泌减少，基础代谢率水平降低，造成对体内卡路里消耗减少，导致发胖。

(6) 让更年期早早现身

这是所有女性最关注的问题。更年期，这是谁都无法改变的女性生理过渡。一般女性在50岁左右出现更年期，而“肾虚”则让女性过早出现烦躁、焦虑、多疑等更年期症状。

改善方法：多做运动，保证良好睡眠。选择一些慢运动项目。比如太极拳，这项运动以腰部为枢纽，因为肾位于腰部，所以非常适合肾虚者锻炼。相信在这慢节奏的招式中，给你带来健康。

两手掌搓热后，分别放至腰部，直至感到热为止，早晚各数次，可以补纳肾气。另外多吃些鸭肉、鹅肉、兔肉、鲤鱼、粳米、糯米、小米、大枣等补气食物也是很好的。

肾虚产生的原因有哪些?

(1) 免疫力差间接伤肾

随着现代社会环境的变化，免疫类疾病日渐高发。如红斑狼疮、皮肌炎。当免疫系统受到损害后，肾脏也不可避免地受到损害，而女性免疫力相对男性要低，所以肾虚的几率也大于男性。

此外，由于女性尿道比较宽、直接通向膀胱，引起感染，膀胱炎、尿道炎等患病比例也非常高，如果慢性发病期得不到控制，也会逆向导致肾炎。

(2) 多愁善感肾脏易亏损

现代女性承受着前所未有的竞争压力，如同事间的竞争、上下级关系紧张以及情感问题上的分分合合，都成为她们压力的源泉。女性又容易多愁善感，所以年轻女性是情绪最不稳定的一个群体。如果长期处在郁闷心情下，机体的免疫力也受影响，肾脏可能因之而逐步出现亏损。

此外，外部环境的污染，如办公室工作的女性长期处在不通风的空调环境中，空气中有害物质如二氧化碳、有毒粉尘等含量过高，会诱发肾等脏腑器官的免疫力下降，长期发展下去，就可能形成肾炎。现代人享用快餐食品较多，营养结构不太合理、热量太高，肾脏过热也会导致抵抗力下降。

(3) 过量服保健品也肾虚

肾脏虚弱的临床表现是口干舌燥、面色灰暗、尿频、尿急、腰膝酸软等，严重者会出现耳鸣、尿血、视力模糊等症状。

专家指出，出现上述症状后，不要病急乱投医。许多肾病，正是由于不明确个人体质、未经专业医生诊断，滥服、过量服用保健品，破坏人体内部平衡后引起的。

冬季天气干燥，可适当打开窗户通风，并多喝水，防止肾阴虚。饮食中应多吃清凉食品，如山药、金银花、绿豆、决明子、鱼汤等。年轻女性要防止过度劳累，同时加强内心修养，防止情绪变化激烈。

第四节　年轻女孩怕就怕人未老心先衰

紧张与快节奏的都市生活，让越来越多的女性一不小心就患上了“精神感冒”。看看我们周围，突然间有了那么多整天喊“郁闷”的女人，怎么办？是迎接还是逃避，全在你内心的强韧和态度。要知道，保持内心的年轻是女人不容易被衰老袭击的关键。

走出压力的围城

女人来到了这个世界，都想要活得洒洒脱脱，大大方方，从从容容，舒舒展展。但是，生活的天平，常常会发生倾斜，把人压得喘不过气来。

“人活着太累。”“做人难，做事更难。”这是一位很有上进心的女人说的，她心地善良，满腔热血，可是棱角却已显露出了锋芒。毕业以后，她在一家研究单位工作。开始时，她雄心勃勃，想做出一番惊天动地的事业，可是工作单位的人际关系太过复杂，工作没多久她便成了一些人攻击的对象。对此，她说：“我真不知道以后要如何生活。”

一位在某工厂工作的年轻女孩，因工作与所学专业不对口，只恨自己“英雄没有用武之地”。多次想调动一下工作，可是终未能如愿。几经周折后，她陷入了深深的痛苦中。女孩在向我诉说“不幸”时，虽然强打精神，强装欢笑，可脸上仍带着苦涩。

每个人在生活中都会有过类似的遭遇：在日常生活和工作中，当感情、环境、个性以致兴趣、爱好等严重受到外界限制时，在一个特定的条件下，遇到意想不到的压力，由于女性格外敏感，身体也比较柔弱，所以很容易被压力击垮。

压力就像一种看不见的无形病菌在慢慢吞噬我们的健康的身体，侵蚀我们的容颜，让我们在面对镜子的时候，忍不住会从心中发出一两声浅浅的哀怨。那么我们怎样才能从压力中走出来，拥有身心的健康，绽放自我的美丽呢？

寻求解除压力的好方法，可以说是现代人聪明的生活方式。正确而科学的做法是在面对压力时，我们应在心理上“悦纳自己”，给自己多一点自信，少些自责，懂得不必事事求完美，并且在不同的生命阶段作出不同的规划。如果我们真的能做到这一点的话，何愁不能走出压力的围城，在轻松自信中活出真我的风采。以下就是舒解压力的一些好方法：

1. 统筹安排

那种能控制自己生活的感觉对于抵制压力是非常重要的，弄清楚什么是自己生活的重心，比单纯地接受一切好很多。如何获得那种“一切尽在掌握”的感觉呢？建议你把问题一一列下来：这种方法能大事化小，事情看起来就不会那么严重了，更利于解决，同时这个过程也会令你产生你已经在采取行动的积极感觉。

2. 呼朋唤友

研究发现，男性和女性在面对攻击时，反应大不相同：男性要么是直接还击，要么干脆逃避，而女性则倾向于通过与朋友们交流来缓解压力。她们认为，跟朋友们的交谈能让自己大大放松。

3. 乐观工作

很多女性看来格外轻松自在，就在于她们懂得乐观面对困境，总是想事情可能出现的好的方面。选择那些积极的新观点，你会发现没什么大不了的。乐观面对事务并不代表毫无节制，不顾客观现实，真正聪明的无压力女人在遇到不顺时冷静自制，改变自己。例如遇到经济危机时，就不能盲目乐观了，要学会在不引起生活根本性震动的前提下改变以往的消费方式。

4. 有所信仰

不管你信仰的是上帝还是信仰别的宗教，它们总能使你用更加长远的目光来省视自己的痛苦，这样就不会觉得有多难过了。

5. 分工合作

那些感觉压力很重手忙脚乱的女人，往往就不懂得找帮手的好处。在家中，不要事无巨细全揽到自己身上，长此以往，家人会将那些活计看做你的分内事，真是吃力不讨好。工作中也是如此。做好分内事，学会分派工作，才能活得轻松自在。

6. 深呼吸

找一个安静的地方躺下或坐下。从一数到五，在此过程中用鼻子深深吸一口气，使气流进入腹部，再进入胸部。再从一数到五，同时用嘴巴慢慢将气呼出，先呼出胸部的气，再呼出腹部的。注意力要集中在腹部的上下起伏和气流的呼进呼出，反复做10次，能让你的情绪镇定。

研究表明，每天练习深呼吸的人，其紧张度仅为不练习者的一半。背部挺直，双臂放松，从鼻孔深深吸气，注意力集中于气息的游移，想象那些烦恼是郁结于腹中的一团晦气，可随你的呼出而散去。

7. 冥想

一旦遇到前所未遇的大事，例如初次怀孕，女人很容易紧张，在这个时候，你不妨闭上双眼，想象你置身于一个又安全又美丽的地方，比如长着椰树的白色沙滩，又如绿荫葱葱的森林。想象你感觉到了微风在吹拂发稍，呼吸着新鲜纯净的空气，沐浴着暖暖的阳光。脚底触到了细细的沙粒，听到了树叶沙沙作响和波涛轻涌——让我们感觉这一切吧，关键是集中精力去想象。几分钟后请做几次深呼吸，然后慢慢地睁开你的双眼。为了有助于想象，你还可以找来录有自然声音的CD或磁带，聆听热带雨林的声音、波涛的声音、鸟叫的声音，等等。

8. 自娱自乐

无压力女人从不会为了工作而全盘放弃娱乐休闲活动，她们会专门安排娱乐休闲时间，通过这些活动来放松自己，从而能够以更好的状态投入到下一步的工作中去。

9. 重新站起

无压力女人总能找到缓解压力的途径，认识到她们的问题并不是天崩地裂那么严重。选择各种刺激的行动，可以忘掉眼前的烦恼，如仰望星空、远眺大海，是使人心胸开阔之举。无论如何，生活将会继续，这样想，也许会鼓起你重新出发的勇气。

压力既是客观的，又是主观的，其实走出压力困扰的最好方式便是拥有一颗健康快乐的心，当你在生活、工作中感觉到压力存在的时候，不妨时时用用上面的办法，或许会让你很容易从压力的围城中做出来。

远离情绪的旋涡

真正的健康来自你的内心，当你肯定了自己的存在，心中充满了自信，即使在极恶劣环境下，仍能非常健康。可惜的是在大部分时候，我们给自己输入了过多的负面信息，对很多的事情表现出激烈的不安和产生极大的情绪波动，其实悲伤、忧郁、愤怒、恐惧都不能对我们面对的事情起到任何的作用，有一点可以肯定的是：当我们压抑或累积负面情绪时到了一定的程度后，便会导致影响我们身体健康的疾病出现。我们应该信任、面对和接受情绪，尽量与之共处，而不应该把它当做洪水猛兽般地防堵或害怕它，如此才能远离情绪的旋涡，并且拥有健康的人生。

正确地面对我们所遇到的事情，并且善于控制、调整自我的情绪，不但能让我们重新认识到生命的意义所在，并且在很多的时候能促进我们的身心健康，让我们拥有幸福而美满的生活。例如，许多大肠癌的病人，内心常累积愤恨不平，但他们却自认："我没有权利去恨！"先否定自己拥有"恨"的权利，也截阻了那股能量的流动与宣泄，于是，这些能量便在人们身上乱窜，最后成为疾病的根源。其实，当内心生起情绪时，要先去接纳"我怨恨、我悲伤"的事实，然后再慢慢沉淀和觉察，去发现这事实背后所传达的讯息是："我渴望得到爱。"

人之所以心生怨恨，是由于希望得到肯定、关爱和了解；在恨的背后，内心往往藏着很深的期待，渴望着爱与肯定。我们常以为恨会导致暴力，但只有无力感才会令人陷入暴力旋涡中，如果我们能深刻体会到，恨是因为一个人感受到自己与爱分离，而能够去面对它，去思考"我该如何处理这些能量"？并诚实地依循这份情绪，那么，心中的恨，终究会把你带回爱的能量中。

当我们在做情绪发泄时，首先要记住，不是发泄在别人身上，而是把内在的情绪导引出来。发泄的方式有许多技巧，我们提倡的是既不伤害别人、也不伤害自己的健康方式，甚至能正面提升情绪。像我自己会把愤怒的情绪转为生命中的活力，化悲愤为正面的力量，再去做沟通的工作。采用阿Q的方式并没问题，但若因此造成情绪压抑或出现生理症状，那就必须去面对了。

情绪是我们的朋友而非敌人，它能帮助我们认识自己，带给我们力量。有时，情绪正是为了协助我们跟他人沟通，而沟通的目的是为了与人友好，达成和平的局面。若产生情绪而没有沟通，只会为双方带来更大的误解：我们不是要用情绪来指责对方，而是告诉对方你的情绪，让对方了解你的感受。所以，情绪也是一种沟通的工具，它甚至可以用来治病，这是运用导引情绪的方式，来达到疗愈的效果。

情绪是人的需要是否满足的心理体验，当人的情绪长期处于否定、消极和紧张状态时，就会引起身体上的反应，如发生心血管、消化和其他病变，特别是持久的情感压抑、愤怒、悲痛等，对癌症的发生和发展会有一定的影响，所以女性要善于驾驭自己的情绪，并从以下几种方法中，进行情绪的调控。

（1）意识调控。时时提醒自己，不要发脾气，不要消沉、要乐观。

（2）情绪转换。在生活中遇到不如意时，可以把自己的注意力转到其他方面，切勿陷入其中不能自拔。

（3）推迟发生。尽量推迟过激情绪的发作时间，在事实尚未了解清楚之前，先不要发火，这样往往可避免情绪的失控。

（4）改变思维方式。在情绪产生前，改变自己的思维方式，从不同的角度甚至站在对立面上多想想，就会使坏情绪得到控制。

别让疲劳伤了你的美丽

许多上班族女性常抱怨“疲劳好累”、“怎么睡都睡不饱”，但是经过一大堆的检查，结果还是找不出病因。早期常常见到医师以“神经衰弱”或“自主神经失调”等诊断来告诉病人。

事实上，疲劳是正常的生理反应，在人体经过脑力激荡或剧烈运动，甚至焦虑不安之后，就会有暂时性的疲劳感出现，通常只要经过一番适当的休息与调养，都会在短时间内恢复。除此之外，医学上也会有一些疾病造成慢性的疲倦感，很难借由休息来恢复，例如癌症、自体免疫疾病、各种感染症、内分泌疾病等，但是这些在临床细心诊察下，多半可以发现病因，对症下药。

有一些例外的病患，总是无法找出真正的原因。医学界整理了此类病人的共通点后，定义出“慢性疲劳症候群”这个诊断名称，用来统称这些长期受疲劳倦怠所苦，却又找不出病因的疾病。

在诊断标准上，慢性疲劳症候群的定义是非常严谨的，首先必须具备持续达六个月以上无法因休息而缓解的不明原因的疲劳感，并且要排除掉所有可能造成疲劳的慢性病因；另外，疲劳的严重程度必须至少使日常活动力降低到正常状态的一半以上，然后还必须符合八个次要标准或六个症状，再加上两个征象。

1. 主要标准

(1) 新近存在持续性或反复衰弱性疲劳，或个体感到易于疲劳，而无类似症状史，不因休息而缓解，活动量减少五成，一次至少持续六周。

(2) 必须通过患者病史、身体检查和适当的实验室检查，排除其他可能产生类似症状的临床状况。

2. 次要标准

(1) 症状标准（至少六个月）：

轻度发烧。

咽喉部疼痛。

无法解释的全身肌肉乏力。

无法解释的颈前、后，或咽膜部淋巴结疼痛。

肌肉的不适或疼痛。

长时间动脑或劳力活动后，感到很长时间的全身疲劳。

头痛。

游走性关节痛，但无红肿。

一个或多个精神症状。

睡眠障碍。

所述症状在疾病早期的几小时至几天内存在。

（2）生理指标：

低烧。

非渗出性咽炎。

颈前、后部或咽峡部淋巴结触痛。

“慢性疲劳症候群”一般多发生在上班族，而且女性的发生率较男性高，患者以25至45岁的女性较多，美国社区研究显示，一般民众的盛行率为千分之一至三。除了上述的症状之外，通常还会有千变万化的症状，例如肠胃不适、心悸、呼吸急促，甚至口干舌燥等。这类病患的治疗方式并没有特定或特别有效的方式，必须视情况而定，除了一些药物的治疗之外，可能还必须加上一些支持性的疗法，如运动、休息、心理谘商等辅助治疗。

慢性疲劳症候群是由于长期处于工作、生活紧张，以及情绪、精神过度处于压力及超负荷状态，所产生一系列身心疾病及症状。

慢性疲劳症候群通常会突然发病，症状像感冒、非常疲劳，病患去医院就诊，但是医师也说不出所以然来（可能是感冒等），服药也无显着改善，然而症状好好坏坏持续超过半年，造成病患极大的困扰，使他因而放弃许多日常活动。许多病患症状逐渐改善，少数人会完全痊愈，有些人则严重受挫折、甚至辞职、完全打乱生活步调。

慢性疲劳症候群常伴有不同形式的身心症状，至少有一半以上的案例有忧郁症或忧郁发作。有报告显示，病患中有八成有轻到中度忧郁。

实际上，在慢性疲劳症候群中最多见的，还是情绪障碍为主，这种情绪障碍可能与患者的免疫功能改变有联系。慢性疲劳症候群表现为感染因子所致的免疫系统杂乱，可能是一种病毒或多种因子参与。因此，该病的病因是多方面的，病因之一是感染，生活事件或负向情绪体验，为慢性疲劳症候群的感染提供了方便之门，因而情绪异常，导致免疫功能的异常改变。

其实，慢性疲劳症候群虽然复杂难解，只要医师和病患都有耐心、有毅力的合作，在妥善的设定治疗目标、制定治疗策略、定期追踪谘询之后，预后仍然是乐观的。足够的耐心与恒心，还是能获得良好的改善。

长期忙碌的上班族或家庭主妇，常常会有许多身体、心理不舒服，长期就医也不见得有很大的改善，可能就是受到慢性疲劳症候群的困扰。慢性疲劳症候群是一种长期忙碌后所产生的严重疲劳与身体、心理问题，需要请专业人员仔细诊断与治疗。医疗人员要用严肃的态度面对病人，接受病人的问题，不要认为病患检查正常，就没什么病或是无病呻吟。并且向病患保证这是一个良性的病症，只要适当的治疗处理，多可痊愈。

药物治疗可以使用非类固醇消炎止痛药来治疗头痛、肌肉痛、发烧等症状。使用抗组织胺、消肿剂来治疗过敏、鼻炎、鼻窦炎等症状。如果病患有忧郁症状，可以使用镇静作用较低的抗郁剂。至于抗病毒药物、叶酸、维他命、免疫球蛋白等皆被报告对此症无效。

心理治疗方面可以逐渐改变患的生活型态，减少生活压力。此外，行为治疗是另一种治疗方法，目标在去除病患对疾病的误解与害怕，以免导致绝望与排斥活动。做法上可以找出诱发不良行为模式的线索，逐一加以改变，并建立新的增强物。如果各位因为长期生活忙碌而产生疲劳与疼痛、睡眠问题、注意力不集中等症状，持续一段时间仍未见改善，一般门诊检查、药物治疗效果也有限，甚至生活步调大乱，可能就是受到慢性疲劳症候群的困扰。这时候请来精神科或身心科就诊，对症下药并提供心理行为治疗。

现代人往往身兼数职，在努力扮演好各种角色时，常常忘记自己的需要，体力透支、睡眠不足、营养不均，加卜工作压力，或婚姻中存在种种调适上的困难，倘若得不到纾解的机会，许多慢性疲劳症候群的症状就一一出现了。如果身体长期处于不眠不休的状态，就好比车子，一直不停的开着，不加维护，迟早会出乱子。倾听身体内在的声音，聪明的现代女性，您一定做得到的！

快乐是永葆心灵年轻的法则

似乎越年轻，越容易感到快乐，而现在的我们，怎么努力都得不到那些以前很快乐的心境了。是现代社会的压力太大？是我们的角色太多？是我们与上司、同事、朋友的关系紧张？总之，我们的内心太满，太凌乱，我们的生活好像因此失去了色彩，我们根本看不到周围的景色，于是，快乐也与我们失之交臂。

如何让快乐回到我们身边呢？

1. 重拾内心的单纯

童年的我们是最快乐的，而随着时间的流失，内心的欢乐也就少了。我们现在比孩子时拥有更多财富、成果、享乐的选择，但是我们发现这些都不如孩童时候美好。这是为什么呢？因为我们内心失去了单纯，简单而透彻的单纯。

只有重新找会一些纯真的心灵，我们的内心才不至于疲惫。

2. 简化你的生活

抛开那些不必要的应酬吧，让自己多一点时间很自己对话，跟家人相处，相信你会从这里找到快乐。把工作计划贴在最显眼的地方，提高你的工作效率，这样一来你判断事情的果断力会大大提高，可以减少不必要的烦恼，

3. 笑与忘却

怎么可能呢？我不会笑？而真心的笑和职业性的笑容是有区别的，让我们在生活中积极主动地添加一些幽默，真心的笑看生活吧！在实际生活中，有意识地留心寻找可笑的事情，能够使患病的身体恢复比平时快，关于这方面的报道不少。还有，如果你看一场特别幽默搞笑的电影，或是看一本有趣的书，不知不觉就会忘记精神压力。尽管这是暂时的，但也有可能忘记了压力而使心情变得愉快

“忘却”在调节紧张的神经方面也起着重要的作用。过日子，每天都

会遇到新的事情，会有各种各样的信息输入大脑。这些记忆中肯定有讨厌的事、无奈的事。脑子里总装着这些令人讨厌的记忆是很让人烦恼的。不想品尝这些烦恼的滋味，最好的办法就是“忘却”。但怎么样才能忘掉呢?事实上，越是想忘掉，却越是忘不掉。不管你看了一部多么有趣的电影，虽然暂时忘掉了，可是不久就会又想起来。

实际上，这里提到的“忘却”并不是“失去记忆”，而是把那些讨厌的经历、经验转变成为对自己有益的经验。要想达到这个目的，只有思考。客观地审视自己遇到的事情，想一想引起纠纷的原因是什么、纠纷怎么才能处理好。千万不要推迟到以后再想，一定要在每次遭遇到事情时就仔细想一想，而且一定要得到答案！当认真考虑好之后，“如果今后再遇到了这样的麻烦可怎么办啊”诸如此类的紧张、不安的感觉也许就会消失了。记住，失败是成功之母。

每次遭遇一件事情，为了不给自己施加精神压力，不凭空给自己增添烦恼，就要及时妥善解决。

4. 音乐的功效

音乐对于镇静安神、松弛紧张的心情是很有效的。近年来，人们利用音乐影响人心理的作用开创了“音乐疗法”。音乐疗法分为听音乐的“感受性疗法”以及演奏乐器、唱歌那样的“能动性疗法”。音乐疗法中专家结合患者的状态、治疗目的等选择音乐曲目，制订治疗方案。

所谓的感受性疗法，以去除疲劳、消除精神压力为目的，使用的音乐大多是巴赫（德国作曲家）的《G弦咏叹调》和拉赫马尼诺夫（俄国作曲家）的《沃卡里泽》。缓解焦虑的心情有时也采用摇滚乐。

每个人对音乐类型的喜好不同，也有不少音乐能让人追忆起往事。因此，不能一概而论什么样的音乐就会有什么样的功效。但是，至少谁都会有这样的经验：听到自己喜欢的音乐，心情就会舒畅。即使不能接受专门的音乐疗法的指导，但在日常生活中谁都有时间舒舒服服地听自己喜欢的音乐，所以从今天开始就请试试吧！紧张的心情一定会得到全面的松弛，精神也会彻底恢复！

5. 香味的功效

利用植物的香味解除精神压力的芳香疗法是简便易行的消除精神疲劳

的方法。对于气味的感觉方法每个人都存在着很微妙的差异。但是，总的说来闻到后感觉很舒服的气味称为“香味”。香味直接刺激脑垂体，提高机体免疫功能，对绷紧的神经起到镇静作用。

芳香疗法利用了植物的香味，并且把哪一种植物的香味对应哪一种治疗作用也都作了具体的分类（例如，春黄菊、熏衣草有松弛紧张心情的作用）。在日常生活中，使用自己喜欢的香味也不失为松弛心情、恢复精神的好方法。

摆脱抑郁，点亮心灯

先来看以下一组惊人的数据：

· 全世界抑郁症患者2.5亿人。

· 中国抑郁症患者2600万。

· 抑郁症终生患病率约15%。

· 抑郁症患病率女性较男性高2倍。

· 因抑郁症的各种消耗，全世界每年损失2%～5%的产值。

· 全球处方量最多的10种药品中，抗抑郁药占了3种。

· 抑郁症患者中，有10%～15%最终会死于自杀。

· 抑郁症是世界致残第四大原因。

· 一级医疗机构中每10名患者就有1位患有抑郁症，但仅1/3得到正确诊断和治疗。

· 据世界卫生组织调查，我国95%抑郁症患者并未得到应有的、符合科学原则的服务。

· 中国约40%抑郁症病人第一次看病去的是综合医院，综合医院内科医生对抑郁症识别率低于20%。存在较大的盲目性。

尽管抑郁这个词，以及接近的忧郁、郁闷等，已经成了我们平时听到的高频用词，但我们对抑郁症依然存在不少的误区。说抑郁是一种情绪感冒很容易混淆抑郁的不同严重程度，因为当我们说抑郁时，它可能是指：

一种心理状态，即抑郁状态。

一种性格，有的人性格本身就容易抑郁。

一种症状，在抑郁症和躁狂抑郁症等疾病中出现。

一种心理反应，即应激型抑郁，一般是在遭遇创伤等重大负面生活事件的时候会发生，有明显的外因。

一种神经症，它是包括抑郁以及焦虑症在内的。神经症范畴的抑郁，常常由于内心冲突即"抑郁症"，属于广义的精神疾病范畴，但并不同于以精神分裂症为代表的精神病，而是一种情绪障碍，经过治疗可以较好康复。它往往没有明显的外因。当人患上符合临床诊断标准的抑郁症是很危险的，会有自杀倾向。

1. 心情低落不等于抑郁症不等于精神

一时的心情低落，是心理问题。严重了，是严重的心理问题。只有严重到一定程度，才可能是病，比如可能是神经症。在神经症和精神疾病之间也是有明确的区分。从专业角度来说，一般心理咨询师处理的是心理问题。而精神科医生受到的训练是治疗精神疾病和心理疾病。两者虽然有重叠，但侧重点不同。

所以如果你一时情绪不佳，有了心理问题，可以找心理咨询师。如果达到心理疾病的程度，还是以看精神科或医院里的心理科为宜。对于近期受到创伤者，如果超过一个月还有严重的抑郁情绪，则需要就诊。看精神科并不等于有精神疾病，不要给自己心理负担。如果怀疑自己有抑郁症，不能确定，最好到医院确诊。

抑郁症的诱发原因有哪些呢？从西医的角度来看，抑郁是由于在心理因素、压力、关系问题等影响下，血清素缺乏，从而导致抑郁状态。从中医的角度来看，抑郁不只是由于压力以及完美主义，它会对身体造成器质性的变化，比如"心肾不交，肝脾失和"。中医的肾不仅是肾脏，而且是和卵巢等生殖系统相关。由于抑郁和荷尔蒙低落相关，而荷尔蒙又和血清素相关，这样血清素就会下降，产生抑郁。抑郁患者由于心情郁结，经络系统出了问题，会出现脾胃消化不良，胃肠胀气，酵素不够。这其实就是一种郁结的感觉。

所以抑郁是比较复杂的，生理和心理都相关。从中医角度，由于能量太低，正气不足，外邪容易入侵，原先身体的问题会更加恶化。所以要治疗抑郁症，需要从身、心、灵三个层面去调整。

几乎每个女人都会在她生命中的某个时刻感到悲伤或绝望。但当这些感觉持续一次又一次地出现、或是变得严重的时候，你可能已经开始经历忧郁症。

其实，抑郁症是一种常见心理疾病，可以成功地被治疗。不幸的是，有太多人因为各种理由而没有去寻求专业帮助。她们没有察觉自己已经患上了忧郁症，而认为忧郁症不是一种真正的疾病，或是认为忧郁症只发生在心灵脆弱的人身上。

当我们感到抑郁时，该如何做自我调整呢？下面专业人士给出几点意见：

（1）停止自责

忧郁症是一种疾病，你并没有创造它或选择它。

（2）试着不要感到气馁

回复正常需要一段时间，在这些日子里尽量不断地告诉自己：你一定会好起来。

（3）简化生活

设定可行的目标跟合理的计划表，在做得太少与太多之间取得平衡。如果太快做太多事，你可能会觉得被击垮且变得沮丧。

（4）多参与活动

参与让你感觉较好或是有成就感的活动，就算刚开始只是出席而没有真正参与，那也是朝着正确方向迈进了一步。“群居”能有效带走你的孤独感。

（5）认可自己，喜欢自己。哪怕是一点点的进步，都要对自己表示赞美。

（6）不妨把自己的感受写出来，然后分析、认识它，哪些是消极的，属于抑郁症的表现，然后想办法摆脱它。

2. 抗抑郁食物大亮相

一些食物可以减轻抑郁倾向，它们是：

（1）金枪鱼：研究认为，鱼油中的Ω－3脂肪酸可产生常用抗忧郁药如碳酸锂的类似作用，使人的心理焦虑减轻。

（2）香蕉：香蕉含有一种称为生物碱的物质，可以振奋精神和提高信心。而且香蕉是色胺酸和维生素 B_6 的最好来源，这些都可以帮助大脑减少忧郁情绪。

（3）葡萄柚：葡萄柚不但香味浓郁，更可以净化繁杂思绪、提神醒脑；其所含的高量维生素 C，不仅可以维持红细胞的浓度，增加抵抗力，而且是参与人体制造多巴胺、肾上腺激素等“兴奋”物质的重要成分之一。

（4）菠菜：菠菜除含有大量铁质外，更有人体所需的叶酸。人体如果缺乏叶酸，则会导致精神疾病，包括抑郁症和早老性痴呆等。研究发现，那些无法摄取足够叶酸的人，5 个月后都无法入睡，产生健忘和焦虑等症状。

（5）樱桃：研究发现，樱桃中有一种叫做花青素的物质，可以减少炎症。专家认为，吃 20 粒樱桃比吃阿司匹林更有效；有报道指出，长期面对电脑工作的人会有头痛、肌肉酸痛等毛病，也可以吃樱桃来改善状况。

（6）大蒜：德国一项针对大蒜对降低胆固醇功效的研究，调查问卷发现，吃了大蒜之后，人感觉不易疲倦、焦虑减轻、不容易发怒。

（7）南瓜：南瓜能制造好心情，是因为它们富含维生素 B_6 和铁，这两种营养素能帮助身体所储存的血糖转变成葡萄糖，葡萄糖正是脑部唯一的燃料，能帮助人体维持旺盛精力。

（8）低脂牛奶：美国的一项研究发现，让有经前症候群的女性服用了 1000 毫克的钙片 3 个月之后，3/4 的人都变得不太紧张、暴躁或焦虑。低脂或脱脂牛奶是钙的最佳来源。

（9）含硒类食品：英国心理学家们给接受试验者吃了 100 微克的硒之后，受试者普遍反映，觉得精神很好，思绪更为协调。硒的丰富来源有干果、鸡肉、海鲜、全谷类等。复合性的碳水化合物，如全麦面包、苏打饼干，其含有的微量矿物质如硒，能改善情绪。

对抑郁不要轻视，但也不要过于紧张，我们需要对它有正确的认识，通过自己的努力和专业人士的帮助可以摆脱抑郁。从而让自己活得更轻松，更健康。